刺蝟日記

莎拉·桑茲
Sarah Sands
著

游絨絨——譯

The Hedgehog Diaries: A Story of Faith, Hope and Bristle

目次／

1

2

1

十月午後，一隻被網住的刺蝟

十月，一個潮溼的午後，腐葉飄落滿地。我兩歲的孫子在我們的池塘邊，發現了一個深色的圓形物體，牠被一張網子纏住了。

「這是什麼，東西？」他用新學會的詞彙發問。他已經認識老鼠、田鼠、鹿和狐狸，但這個陌生生物讓他瞪大眼睛。

那是一隻刺蝟。

我們試圖輕輕的把牠從網子中解救出來，牠只是微微顫動了一下。這隻刺蝟的情況看起來不太好，我告訴我的孫子不要碰牠，因為牠身上有刺，我的丈夫則拿了一個盒子要將牠裝起來。「戳牠……哎呀！」我的孫子驚呼一聲。我們最後替這隻刺蝟取了一個名字——霍拉斯（Horace）。

牠堅韌善良，卻身處險境

我的丈夫金（Kim）是約克郡（Yorkshire）一位獸醫的兒子，他對動物沒有特別情感，因此與大多數住在鄉村的六十多歲夫妻不同，我們並沒有養狗。有時，遛狗的人會帶著一絲同情的目光，安慰我們說，他們的寵物不會咬人，有時則直接質問我們：「你們的狗呢？」

我也快沒時間實現我的人生願望——在諾福克（Norfolk）的海灘上騎馬。今年我唯一的騎馬機會，是之前參加兒童坐騎小跑課程，我的夏爾馬恭敬的在孩子們的昔德蘭小馬後面緩步前行。

然而，當我的丈夫面對這隻刺蝟時，他的內心似乎變柔軟了。那是為什麼呢？感覺就像托爾金（J. R. R. Tolkien）著作中的情節，一個來自異域的生物遇險的情景，這個生物堅韌善良，卻身處險境。

泰德．休斯（Ted Hughes）[1]在給朋友的信中描述了他發現刺蝟時的感受：「……聽到樹籬裡傳來一陣騷動，不久後，一隻刺蝟晃晃悠悠的走出來，神氣十足，顯然是出來尋歡作樂的。我覺得牠可能會是個愉快的夜間夥伴，所以我把牠帶進了屋裡。過了一會兒，我注意到刺蝟不見了，後來聽到一陣聲音，像小孩子在抽泣，但非常微弱，這樣的聲音持續了很長一段時間。我循著聲音來源，來到了箱子堆。我的夥伴就在那裡，牠把鼻子塞在角落中，淚水成池、滿臉淚痕，哭得撕心裂肺。牠的模樣使我同情，甚至想親吻牠。我也不知道為何我對刺蝟有如此同情心。」

刺蝟的叫聲似乎很能擄獲人心——牠們能發出啁啾聲、喘氣、嘶嘶聲，甚至歌唱。某一位朋友曾偶然撞見交配中的刺蝟（刺蝟如何交配是科學和文明探索中的一大問題），他說那情景就像是撞見某種異教的狂歡儀式。

我們那隻小刺蝟卻一聲不響。

金用雙手捧起牠，將牠放進紙板盒裡，我則準備了一些牛奶和麵包。僅這句話就犯了三個基本錯誤；關於刺蝟，我們還有很多需要學習的地方。

這時，金嘗試找出一個適宜的溫度，既能讓刺蝟維持冬眠狀態，又不會讓

1 譯按：英國詩人和兒童文學作家。

牠過早醒來。他將盒子移動到爐子附近，接著拿起一把梳子和一壺溫鹽水，溫柔的清理刺蝟眼睛上的蒼蠅。我的孫子謹慎的保持距離，在一旁默默觀看，他穿著風衣和威靈頓靴，將自己的身形隱藏其中，手裡拿著一根樹枝，希望它可以變成一種心臟電擊器，「現在戳牠嗎？霍拉斯，刺蝟？」

金搖了搖頭，用著低沉、像外科醫生的語氣說：「我擔心這個小傢伙可能撐不久了。」他站起身，皺著眉頭看向手機。

天色逐漸昏暗，灰黑色的天空中夾著一線白光。經過一週的大風，樹葉紛紛落下，只有我父親送給我們的那兩棵酸蘋果樹仍堅挺著，綠色和紅色交織如格子。整個景色在顫抖，這本該是一天中，刺蝟準備以出乎意料的快速步行，朝著我們種植的小山楂樹和玫瑰叢走去的時刻。

十年前，我們搬到這個家時，無意間為刺蝟創造了理想的生活環境。當時，我們拆除了網球場，改種植一片野花區，還培植了山毛櫸樹籬和一排排果樹，我們還建造一個人工池塘，在淺水區種植蘆葦和百合。在東安格里亞（East

Anglia），大片開闊的耕地不適合刺蝟棲息，但是我們這片擁有草坪、果樹、黑莓灌木叢和落葉的地方，不知不覺吸引刺蝟到來。然而，當一隻刺蝟悠然走出來時，卻因為我們放置的一根長柄池塘清理網，令牠墜入致命的陷阱中。

我丈夫打了一通電話，然後拿起盒子帶上車。他說要把霍拉斯送到刺蝟醫院，我笑了，這裡哪有什麼刺蝟醫院，而且星期天晚上肯定沒有人會看診，最好的辦法是讓刺蝟過夜，第二天早上再看看牠的情況。然而，這句話中又有三個重大錯誤。

世上確實有刺蝟醫院，它是由刺蝟照護者、寄養家庭、倡導者和政策制定者所組成的網絡，任何飼養過刺蝟的人都知道，刺蝟一旦生病，就必須迅速拯救牠，尤其在這個時節，一隻在外四處遊蕩的小刺蝟，很可能是早產且缺乏恢復能力。

我發現英國擁有這個自由且有組織的刺蝟社會關懷網絡，這代表沒有任何一隻刺蝟會被拒絕，這讓我深深感受到刺蝟在我們的文化、文學、歷史和心靈深處有著不可動搖的地位。世界上沒有其他地方能像英國一樣，與刺蝟擁有如此特殊的聯繫。

我們首先聯絡艾瑪的刺蝟旅館，同時也是艾瑪的家，座落於金斯林（King's Lynn）郊外的一條農場小路上。她將醫療上的成功和悲劇詳盡的記錄在臉書（Facebook）、Instagram、谷歌（Google）、亞馬遜（Amazon）和 Paypal 上，刺蝟社群涵蓋全球，而且非常活躍。

我的丈夫迅速趕去，並透過電子郵件回報情況：「牠（霍拉斯）只有四到六週大。艾瑪很慶幸我先清除了大量蒼蠅卵，但牠下腹部的情況有些棘手，一些蒼蠅卵已孵化成蛆。我站在一旁看著艾瑪和她的伴侶（一身強壯的肌肉，刺有鮮明的紋身）用鑷子挑出蛆，並用溫的生理食鹽水沖洗刺蝟的『陰道』（她重複說了好幾次）。牠現在叫做佩姬（Peggy），艾瑪說：『我不要叫牠哈蒂（Hattie），因為每一隻叫哈蒂的刺蝟都死在了我手裡。』而我會在 I G 上關注她的進展——無論多久。」

第二天，艾瑪傳來一則令人開心的訊息：「謝謝你將牠帶來。經過所有沖洗過程，雖然一夜之間掉了一些體重，但都在預料之中。現在只希望所有的蛆已清除乾淨（兩個祈禱的表情符號），期待明天的進展。祝好，艾瑪。」

我丈夫對於佩姬的康復情況，出乎意料的投入。他仔細研究增重圖表，發現佩姬的增重進度似乎有些緩慢。我後來才知道，牠罹患的病症的正式名稱為陰道蠅蛆病[2]。

但當時的我心繫別處。

可能是幾個星期，或者幾個月

二〇二一年秋天，我九十二歲的父親罹患了嚴重的心臟衰竭，他正在醫院

2 編按：vaginal flystrike，由蒼蠅幼蟲（蠅蛆）侵擾人體或脊椎動物的組織所引起的疾病。

裡接受治療。

我去他家為他拿些東西，那裡有他最喜歡的扶手椅，旁邊是一張小茶几，桌上放著他的閱讀眼鏡、摺疊好的《泰晤士報》（*The Times*）、一堆關於鳥類、古典音樂或教會的書籍，還有他的雙筒望遠鏡。這些物品是他的最佳寫照，就像老派的BBC第四臺。

椅子上沒有父親那熟悉的身影，看起來格外空蕩。以前他總會在我進入他們的小平房時，立刻站起來迎接：「親愛的，見到妳真好！」

最近，父親越來越站不穩，走路有時需要扶著牆壁，還開始圍圍巾，我沒有多想，以為他是因為年紀大了比較慎重，後來才知道他是為了防止咳嗽。

每個星期天，父親都會來我們家吃午餐。有一次，他打電話說今天想安靜的待在家裡，這讓我很驚慌，是他的胸口出了問題嗎？我帶他去了急診室，他看了醫生，拿了一些藥，然後回到家中。他以為那晚能睡得更好。兩天後，他突然倒下，原因是心臟衰竭加上肺炎。

我們誰都還沒準備好面對這種時刻，如同鄧約翰（John Donne）[3]在《勿忘你終有一死》（*Memento Mori*）中的一句話：「我不敢移動我昏暗的眼睛／絕望在後，死亡在前，令人如此恐懼。」

父親在醫院裡住了一週。由於防疫規定禁止探視，我每天都會留下小紙條給他，還有一份《泰晤士報》。我能帶給他什麼消息？一隻小刺蝟的命運似乎正合適，不太嚴肅，也不太費心，是一個關於康復的故事。

艾瑪傳來消息：「她從十九日開始接受驅蟲治療，過去兩天總體增加了十五克（掌聲表情符號）。」與此同時，她的刺蝟旅館臉書粉絲專頁上也充滿了好消息，「伯蒂（Bertie）的水療療程已進行到第三天，這一天也美好的結束。今天真的很艱難（一排心碎和含淚的表情符號），晚上我真的需要看到牠美麗的臉龐，見證牠的力量和決心。附註：如果你有機會根除一種生物……按

3 譯按：英國詩人。

下@蒼蠅的按鈕。晚安，今天。明日我將迎來嶄新的一天。

#拯救刺蝟 #有時令人心碎 #迎接新的一天 #擊不倒你的會使你更強大 #希望我有魔法棒。」

父親的情況並不樂觀，醫院已經忙得不可開交。一位醫師打電話來解釋，心臟可以透過藥物控制，但也只能如此，沒有其他治療方法，另一位醫生則用手勢向我解釋心臟的運作方式，然後演示了心臟衰竭後的運動方式——幾乎沒有運動。如果我的孫子看到這個情況，他可能會用他手上的棍子來探測心臟是否還有動靜。

醫生讓他留院做進一步檢查。他的尿液中有血，肺部有積液，院方問他是否同意在床尾放置一個「放棄急救」的標誌，但父親不願意這麼快放棄，他搖頭：「不，不，不。」他對生命的抗爭，現在成了意志力的較量。

將近八年前，我父親在帕普沃斯醫院（Papworth Hospital）接受了一次心臟手術，醫生告訴他，這次手術後可以延長五年壽命。我們每個人都是靠著借來的時間勉強維持生命，而我父親卻比當初所預期的，還要多了三年。當時，我在加護病房裡尋找父親的身影，他在布簾後面，身上連接著各種儀器，呼吸急促，我告訴他，那些嗶嗶聲和刺眼的燈光終會消失，貝多芬的音樂和鳥鳴將再度回響，我們會讓他回到這個世界。

但這一次，我不確定能否再次做出相同承諾，他虧欠命運的肉體正在逐漸消逝，格子襯衫似乎再也包裹不住他的生命。

我開始聽到醫生們的談話，包括我的表哥，他們選擇了一種特定的措辭，這是醫生們為了讓人們逐漸接受悲痛而不至於顯得太過突然：「可能是幾個星期，或者幾個月。」我們正在步入最黑暗的時刻。

再次迎接春天

我想起哲學家羅傑・斯克魯頓（Roger Scruton）的話：「愛是一段在生命

走向盡頭的過程中所建立的關係。」我父親的一切——他的白髮和孩子般的熱情，他的言辭、圍巾，他那慈愛的本質——像是他過去的影子，在此刻格外鮮明。他的朋友、當地的牧師，認為我父親最主要的特質是謙卑，這也成為他頑強求生的關鍵。

我們決定將父親轉移到療養院，以便頻繁探望他，如果繼續讓父親留在醫院，他肯定會在新冠疫情急診的混亂中孤獨離世。我查找了當地資訊，聯絡了一家由前護理師管理的療養院，與對方討論了一些與病人相關的事宜。替父親辦好入住手續，我和姐姐便開車去醫院接他。父親的體重再次驟降，他坐在輪椅上，眼神空洞，鬍子沒刮。住院的這一週如此漫長。

由於人手短缺，一位護士連續值了兩個班，他幫助我們將父親安置到車裡。和許多人一樣，我從這場疫情中學到了一件事：同理心的重要。

「我要回家了嗎？」父親詢問。我無法給他一個肯定的答案，也做不出承諾。我們談到了春天，將它視作希望的象徵。為了打破沉默，我們還討論了佩姬令人驚訝的康復狀況。艾瑪傳來消息，說牠的體重增加了，即將被送到寄養家庭。我女兒傳了一張GIF動畫圖片，畫面中是一隻刺蝟坐在車後座上，繫著安全帶。

有時候，談論刺蝟的話題會更容易一些。對我的一位朋友來說，刺蝟是她麻醉人間痛苦，令她更接近已逝摯愛兒子的一種方式，她名叫珍（我將在後面章節更詳細的介紹她），她的兒子在與朋友度假的期間因腦膜炎去世。當時，珍的兒子菲利克斯（Felix）前一秒還在草坪上打板球，下一秒開始不舒服，隨後病情極速惡化，無法治療。

珍和她的丈夫賈斯汀（Justin）創建了一個充滿同情心的公益事業，他們將超市和餐廳打算丟棄的多餘食物送給有需要的人，你可能曾在倫敦的街頭，見過那些印有菲利克斯標誌的亮綠色貨車。

在菲利克斯去世後的一段時間內，珍根本無法思考他所遺留下來的所有。他的離世如此突然且令人難以置信，這使她徹底崩潰，日常生活中的一切變得毫無意義。經歷幾個月的低潮，珍無法工作、面對社會，但她替自己脆弱的心靈找到了出口——她可以照顧刺蝟，因為菲利克斯也曾關心過刺蝟。

珍來見我時，我還是《旗幟晚報》（*Evening Standard*）的編輯，我們計畫建立一個刺蝟社群。我當時非常欣賞她在那樣的境遇下，依舊有勇氣關心周遭事物。珍還帶來了一位名叫休．沃里克（Hugh Warwick）的專家，他給人的印象極為親和，然而當時的我並不知道，我正在和刺蝟界的大衛．艾登堡（David Attenborough）[4]交流。

在十月的一個下午，我發現了一隻刺蝟，因此認識到刺蝟社群，一個社會關懷體系，一群充滿熱情的志願者，主流刺蝟環保人士則在一旁關注呵護這群體。我發現，詩人、哲學家、信仰者和戰爭中的人們都將刺蝟視為純真、神祕、具有政治目的、勇氣、和平與心靈平衡的象徵。

當我讀到菲利普．拉金（Philip Larkin）的詩〈割草機〉（*The Mower*）時，我才明白，為什麼拯救佩姬對我來說變得如此重要。

割草機拋錨了兩次，我跪下來，發現
一隻刺蝟，卡在刀片上。死了。
牠原本在高高的草叢中。

我曾見過，甚至餵過牠一次。
現在，我親手摧毀牠那不起眼的世界，
無法修復。埋葬也無濟於事。

第二天早上，我起床了，
牠沒有。

4 譯按：英國生物學家。

死亡降臨後的頭幾天，缺席的感覺
總是一樣的：
我們應關懷彼此，善良且仁慈
趁還有時間。

這本書獻給所有愛刺蝟的人，也獻給我的父親，他的體重在寒冬中仍不斷下降，我們努力讓他能再次迎接春天。

2

小小的、帶刺的，我們都是

新冠疫情帶給人類很大的挑戰，它考驗人類的領導力、物流、社會結構及全球化。這引發我們深刻反思如何生活、為誰以及為何生活。

相較之下，刺蝟的情況可能好一些，部分原因是牠們不像我們是群居動物；刺蝟是夜行性動物，主要靠嗅覺和聽覺解讀生活。刺蝟不同於獾，牠們不以家庭為重，也不會尋求同伴。刺蝟交配是一種充滿戲劇性異常的行為，即使交配完也不會成為伴侶，牠們只是平靜的，繼續生活。

看起來，古希臘詩人阿爾基羅庫斯（Archilochus）是第一個察覺到刺蝟生存技能的人，他寫道：「狐狸諸事皆知，刺蝟僅知一要事。」

兩千年後，在一篇關於狐狸和刺蝟的著名文章中，哲學家以賽亞·柏林（Isaiah Berlin）解釋了其中的哲學含義：「此兩者間有著巨大鴻溝，其中一類人把所有事物與一個核心觀點、統一體系聯繫起來，在這個體系中，他們理解、思考和感受事物的方式或多或少有某種連貫性，唯有如此，他們的一切言行才有意義；另一類人則追求多種目標，這些目標彼此往往沒有關聯，甚至相互矛盾，如果有任何關聯，也只是出於某些心理或生理因素。」

柏林以托爾斯泰（Leo Tolstoy）為研究對象，因為托爾斯泰非常想成為一隻刺蝟，但他的藝術天賦卻引導他走向狐狸，「托爾斯泰認為現實是由獨立實體組成的集合，他以極少人能匹敵的洞察力看透並理解這些實體，但他最終只相信一個統一的整體。」

托爾斯泰宣揚「簡樸的生活和純粹的目標」，並希望證明超越個體經驗的統一視野。他談論的是樹根而不是樹葉。

托爾斯泰對科學探究的信仰，使他將歷史看作是由可以驗證的人類經歷所構成的總體；但同時他也提出疑問：這是誰的歷史？

英雄主義的歷史觀過度重視權力，而我們生活中的許多改善，來自於那些不追求榮耀的人。新冠疫情就是一個例子。我們開始看到那些維持國家運作的人，而不是那些掌管國家的人；工會運動的興起、工人權利的捍衛，或者說居家辦公者的權利，都在致敬托爾斯泰。我們可以從刺蝟的智慧中獲得啟發，並從中建立各種機構或制度。

柏林寫道：「那些平常心處事，沒有感受到英雄情懷，也不認為自己是歷史舞臺上的演員的人，他們對國家和社會才是最有用；而那些試圖掌握事件整體走向，並希望參與歷史的人……社會並不需要。」

作為一名職業記者，我密切關注政治上的唇槍舌劍，我觀察得最詳細的時期，是我在擔任ＢＢＣ廣播四臺（BBC Radio 4）《今日》（*Today*）節目編輯時，當時正值英國脫歐，也是政治存在主義盛行的時候。其中一位參加領導競選的保守黨政治家是羅利．斯圖爾特（Rory Stewart），他在下議院熱情洋溢的探討外交、安全政策及民主的本質。然而，他在YouTube上獲得最多觀看次數的影片，是二〇一五年十一月的一場關於刺蝟的演講。

斯圖爾特在引用阿爾基羅庫斯的觀點後指出，這是自一五六六年以來，議會第一次談論刺蝟。斯圖爾特回顧了史前時代的情況：「刺蝟及其祖先差點被霸王龍踩扁。而刺蝟早在人類出現之前就已存在於地球，牠們的歷史可以追溯到五千六百萬年前。刺蝟告訴我們很多關於英國文明的事情……。」他還宣稱刺蝟是環境指標，並認為是一種「科學謙遜的教訓」——畢竟刺蝟已經被研究了兩千年以上。他最後以小說家湯瑪士・哈代（Thomas Hardy）的詩句作結：

當刺蝟偷偷穿過草坪時，
有人可能會說：「他曾努力不讓這些無辜的小生命受到傷害。
但他能為牠們做的並不多；而現在他走了。」
如果，當人們聽到我終於安息下來時，他們站在門口，
望著冬季夜空中的繁星，
那些再也不會見到我的人，會不會有這樣的想法？
「他是個具有洞察這些神祕事物的人。」

刺蝟正在展開牠的旅程，而斯圖爾特是一位深諳旅途價值的人，他曾徒步

穿越阿富汗、伊朗、巴基斯坦和尼泊爾，在潛在衝突地區以徒步行動象徵和平，這是對甘地為尋求真理與智慧所進行的政治長征遊行的柔和迴響。

如今，斯圖爾特已離開政壇。在他十年的演講生涯中，我問他，為什麼他認為這首歌頌刺蝟的演講最讓人難忘？他告訴我，因為刺蝟有某種神奇的吸引力，而在充滿爭鬥和二元對立的政治世界裡，這是可以讓每個人都能放鬆、交流並展現人性的話題。

斯圖爾特指出，如果想避開社群媒體上的喧囂與憤怒，你可以討論刺蝟，且沒有人會因此攻擊你。他說的大致上沒錯，不過我發現，身分認同政治開始威脅刺蝟社群，在科學家和照護者之間掀起文化戰爭，但還有其他原因。

小小的、帶刺的

斯圖爾特說，在時間和哲學的宏大框架下，小小的、帶刺的生物令人感慨。

而這不正是我們看待自己的方式嗎？從宇宙的角度來看，我們（人類）並不偉大卻充滿韌性，團結一致才是正確的做法。雖然由人類引起的氣候變遷大到能威脅刺蝟的季節性節律，但是人類——在這人類世[1]的年代——可能無法在地球的演化中持續生存下去。

這又讓人聯想到托爾金的故事：某種生物從野外來到花園的安全邊界，我們歡迎它，但也必須幫助它繼續前行。為它準備一碗食物和水，並在花園或空地間挖出一條隧道，讓它能繼續它的旅程，如果它生病了，那就是我們的責任。

艾瑪帶來新消息：佩姬的體重已達到八百九十六克，一夜之間重了四十五克。在牠去寄養家庭過冬之後，春天就可以回到我們這裡。艾瑪會傳一份清單，上面會列出贊助人花園中的標準和必要條件，確保刺蝟可以適應生活。

我們家沒有養狗！這成為我們的競爭優勢。我傳了一些花園照片給艾瑪，基本上都是落葉和黑莓灌木叢，然後側拍池塘，讓它看起來更淺，並把坡道擺在照片中央。我現在正在等艾瑪的回覆。她傳來訊息：「看起來很棒。我正在遛狗。」

與此同時，刺蝟似乎確實融入了歷史脈絡。當我們在討論唐寧街的派對[2]時，背景音樂是戰爭的警報聲。莉茲．特拉斯（Liz Truss）是諾福克的國會議員，同時也是外交大臣，我聽到她在《今日》的節目上警告，英國堅決捍衛自由，作為北約的一員，將支持烏克蘭的自由民主，並抵抗俄羅斯的侵略行為。

刺蝟挺直著赤裸的胸膛，步伐堅定，背部豎起刺毛，象徵著北約；有人認為牠們體現了盟國捍衛自己免受侵略者攻擊的精神與決心，何以見得？因為刺蝟在受到攻擊時會豎起刺毛，牠們對付蛇等威脅時，擁有強大的反擊力。丹麥大西洋協會[3]以刺蝟為象徵，用來抨擊丹麥共產黨的鴿子，刺蝟雖非好戰，但在必要時會果敢作戰。

1 譯按：Anthropocene，是尚未被正式認可的地質年代概念，指人類活動對地球造成顯著影響的時期。
2 譯按：指英國政府官員在二〇二〇至二〇二一年新冠疫情封鎖期間舉行的違規聚會。
3 譯按：成立於一九五〇年的非政府組織，旨在向丹麥公民解釋政府的新外交政策和北約的角色。

一九五一年，艾森豪（Dwight Eisenhower）將軍敦促歐洲國家採取「刺蝟」防禦策略來減緩敵軍進攻。這或許是歐洲在警告俄羅斯：他們的行為將導致接下來的困境。同時也反映出英國人民堅定的性格。當時的首相鮑里斯・強森（Boris Johnson）曾評論我們對抗莫斯科的防禦聯盟：「我們需要讓豪豬的刺變得難以消化。」

刺蝟僅知的那要事……

我的ＩＧ動態現在七〇％都是刺蝟，那些在碗中閃亮的鼻子提醒人們，儘管許多人在新年的第一個月設立減肥目標，但刺蝟社群只關注體重增長。艾瑪的刺蝟旅館報告了菲比（Phoebe）的情況：「〔爵士手符號〕菲比已經接受內部寄生蟲治療，也幾乎完成了對癬的藥物治療。牠現在的體重是六百五十五公克。」

艾瑪的 Instagram 粉絲一直在為帕迪（Paddy）加油：「這隻虛弱的晚秋小刺蝟，只有兩百六十九公克重。可憐的小傢伙身上滿是寄生蟲，儘管給牠輸液，牠還是在一夜之間輕了二十八公克。今天早上牠自己開始喝水了，這是一個好跡象。

更新：〔哭臉表情符號〕我很遺憾，帕迪剛剛去世了。」

療養院建議我替父親找一條新皮帶，因為他現在用的那條，上面的孔洞已不夠用來繫緊褲子了。儘管父親食慾相當不錯，但院方還是擔心他無法增加體重，我一直有給他補充液體，發現他特別喜歡劍橋郡蘋果汁，然而值班護士打電話來請我不要再給蘋果汁，因為酸性會對他造成不良影響，所以他現在只能喝水。

我多麼希望現在就是春天，可以帶父親出去感受微風拂過臉龐，聽鳥兒高歌，自由無疑是一種刺蝟哲學——自由就是尊嚴。同時，我也在擔心我還能探望父親幾次，新冠疫情即將結束，我們要回到辦公室上班了。

什麼樣的人生才算過得好？這是一個哲學問題。是私生活與工作平衡，還是應該追求留名於世？一個美好的人生，是否應該像刺蝟一樣生活？我尋求聖賢的智慧——前坎特伯雷大主教羅雲・威廉斯（Rowan Williams），他在音樂節目《荒島唱片》（*Desert Island Discs*）中選擇的歌曲之一，是由「不可思議弦樂團」（Incredible String Band）演唱的〈刺蝟之歌〉（*The Hedgehog's Song*）。這首歌講述了一位情場不順的男子，以及一隻有趣的小刺蝟。這隻刺蝟推測他「從未真正學會那首歌」，意味著他從未真正理解愛情的核心真理。

我問威廉斯，刺蝟僅知的那要事是什麼？在他看來，什麼是狡猾狐狸所錯過的普遍真理？威廉斯的答案圍繞著刺蝟展開，他建議我不應該追求宏大的普世真理，或試圖解決全球性問題，而是應該**將注意力集中在眼前事物**。

他提到刺蝟的特點，在於能專注於當下事物，威廉斯經過一番思考後說：

「我覺得刺蝟的態度（專注眼前事物），就是人們該學習的事。」

為明天創造可能性

我將在我們的對話中加入一些政治背景。現在是二月初，被形容為「唐寧街崩潰時刻」。此時，首相強森正因為「派對門」遭到警方調查，他卻採取誤導性手段，指控工黨領袖施凱爾（Keir Starmer）未能起訴兒童性侵犯吉米・薩維爾（Jimmy Savile）。唐寧街政策單位的負責人，因對強森的行為感到不滿而辭職抗議，這看起來像是一場政治風暴，過於戲劇性。

難怪刺蝟的行為方式——有條不紊、循序漸進、謙遜——顯得如此迷人。威廉斯對「循序漸進」這個詞格外感興趣。他說：「循序漸進是一個好詞。它意味著你今天的行動，受到昨天所做事情的限制，而你今天的工作，則是為明天創造可能性。」

對當下的專注與政治家們熱衷的華麗倡議不同，威廉斯謹慎的選擇他的用詞：「我們的文化和政治文化中的誘惑，在於尋找問題來套用解決方案，而這樣只是在告訴大家：『這裡有振奮人心的解決方案』，卻無法讓飯桌上有食物，也不能疏通下水道。」

這位精神領袖發現自己和死對頭多米尼克．卡明斯（Dominic Cummings）用了相同的表達方式，多米尼克．卡明斯談到，透過策劃罷免首相來「修理下水道」。威廉斯對我們當前領導層的道德粗俗感到不寒而慄。他說：「這種粗俗讓人際關係貶值，也削弱了我們對彼此應負起的責任與信任。

「道德在某種程度上是關於我們彼此傳遞的訊息；如果我們傳達出讓某些人可以不必在意的訊息，將會非常糟糕。缺乏道德上的團結會造成不良影響。我相信刺蝟在這方面做得更好。」

然而，威廉斯所尋求的並不是像卡明斯那種創造性破壞，而是關注細節，他希望有更多的領導者認為他們的工作是解決更多問題，而不是改變世界。

威廉斯讚賞威爾斯首席部長馬克．德雷克福特（Mark Drakeford）：「完全沒有魅力——這正是我喜歡他的原因之一」。我不確定德雷克福特是否喜歡這個描述，但威廉斯認為他是「頗具刺蝟風範的政治家」，因為他具備耐心和精準度，這點我也同意。

領導力本身似乎已經被過度誇大。威廉斯似乎贊同托爾斯泰的觀點，他認為許多有價值的工作，因未伴隨著名聲或榮耀而被忽視。他還表示，人們對托爾金的作品有一個誤解：英雄行為都發生在過去，或者在當下還無所作為，「真正重要的工作，在其他地方。」

接受是一種信仰

我想起斯圖爾特如此描述刺蝟命運——刺蝟渺小而目標明確，與政治的宏大形象形成鮮明對比。

我也回憶到新冠疫情期間的護理工作人員，他們透過玩桌遊、喝茶和哼唱，幫助患者轉移注意力，對抗死亡的陰影。突然間，我覺得這個不被看重的刺蝟，可能就是疫情的象徵。當領導人正高談闊論或舉行派對時，**真正的重要工作卻在其他地方，悄然進行**，例如司機駕駛公車和醫護人員協助公眾接種疫苗。

改善世界的任務，像刺蝟或哈比人般細小而具體，同時還有像刺蝟一樣的心態。威廉斯將這些描述為平凡的美德。他解釋：「你可以欣賞豐富和幸福的時刻，但你不能期望生活中總是如此美好。最重要的是，『這裡有一件事需要完成，而我的責任就是去做好它』。」

威廉斯特別喜歡讚美詩中的一句：「喚醒我的靈魂，與太陽一起醒來，履行你每日的職責……。」我告訴威廉斯，一些環保人士認為，一旦刺蝟數量回升，我們就會知道大自然恢復了平衡，刺蝟是一種希望。他笑著回我：「這是一個美好的意象，非常違反直覺。你可以說獅子要回到納尼亞[4]，但刺蝟回到納尼亞更好。」

威廉斯接著說：「有趣的是，有一些特定生物，比如刺蝟、海豚和水獺，牠們讓我們明白什麼是脆弱，容易失去什麼東西。當我們看到這些生物時，我們也會意識到，我們的生活環境和其他生物息息相關；我們並不是孤獨的站在聚光燈下。」

刺蝟能提供一個道德框架嗎？哲學家朗諾．德沃金（Ronald Dworkin）認為可以。你可能會覺得奇怪，一位法律學者竟然把注意力轉向刺蝟，但這些小動物確實代表了基礎概念。在德沃金的書《刺蝟的正義》（*Justice for Hedgehogs*）中，他提出一個理論，與威廉斯傳達的訊息密切相關——自尊需要我們尊重他人。道德存在於我們與他人的關係之中。當我們回顧自己的一生時，我們對待他人的行為，決定了生活的品質。

德沃金寫道：「在我們像現在這樣活在死亡的山腳下，唯一能找到的價值是附加價值。我們必須找到生命的意義，就像我們在愛、畫畫、寫作、唱歌或

4 譯按：在英國奇幻小說《納尼亞傳奇》（*The Chronicles of Narnia*）中，獅子亞斯藍象徵著力量和救世，他的回歸代表希望和正義的到來。然而，現實生活中的刺蝟，雖然看似不起眼，卻代表了細微變化和大自然恢復平衡的跡象。

潛水中找到價值一樣。我們的生活裡沒有其他長久的價值或意義，但這已足夠成為價值和意義。這是如此美妙。」

如果我們打算遵守倫理和道德的命令，我們得先發現真正的幸福是什麼，以及美德的真正要求是什麼。

德沃金繼續寫道：「刺蝟的信念在於，所有真正的價值，形成一個緊密聯繫的網絡，我們對於什麼是好的、正確的、什麼是美的每一種信念，在支持其他任何一個領域中都扮演著某種角色。我們只能透過追求信念與價值觀的一致性，來找尋道德的真理。」正是刺蝟的道德概念和倫理網絡帶來了幸福。根據德沃金的觀點，一個公正的人，必定比一個不公正的人更幸福。

刺蝟可能不自覺的具備了人們投射在牠們身上的道德原則。刺蝟太忙於擔心蛆蟲了，然而也因其謙遜、堅定和不傷害他人的特質，恰巧成為一個合適的榜樣。

當自然達到平衡，人類與環境共存而非支配或破壞時，我們才能看見刺蝟。

當我們償還債務並修正錯誤時，我們也會發現刺蝟的存在。按照德沃金的道德思考方式，**刺蝟象徵著一種反思人生的標誌。**

威廉斯描述了對所有事物的歡迎，包括好的和壞的，都心懷平靜、不偏頗的全盤接受，他認為接受是一種信仰，這讓我想起我父親提過，護理院清潔工講的有關摩托車的笑話，雖然他完全不了解摩托車，卻從中得到極大的快樂；或是當他聽到孫子誕生時所表現出的喜悅。

當父親在病床前第一次撫摸自己新曾孫的臉龐時，他感受到一種無法用言語表達的開心情緒，儘管他已經虛弱到無法抱起嬰兒，甚至坐起來，但從前纏著他的焦慮，在此時都消失了。此刻的父親雖臥床不起、面色蒼白、顫抖不止，但透過與人交流或者只是處於半夢半醒之間，他仍充滿感激，光彩照人。

給予父親的禮物堆積如山，他卻未曾打開。他經歷了一生的閱讀，現在已將書本擱置一旁，只是靜靜等待。

我仍焦急的想在父親的生活中增添更多娛樂，提醒他曾對周遭事物深感興趣。我帶了報紙給父親，他看了看頭版，驚呼一聲，卻隨即放下。他沒有打開電視。牧師寫信給我們，詢問能否為他的生活帶來一些古典音樂。他寫道：「我覺得諾爾（Noel）可能會想聽點音樂。他的聽力和視力都沒問題。我不確定這是否可行，但我知道音樂對他有多重要。對懂得欣賞的人來說，此時的音樂能帶來真正的慰藉。」

每當我想起父親時，腦中浮起的影像，是他用食指和中指輕輕觸碰膝蓋。父親替他的兒子，也就是我的哥哥引以為傲，因為他曾是坎特伯雷大教堂唱詩班的成員。在父親的生日，即聖誕前夕，他最後一次有足夠精神離開護理院時，我們在停車場，在黃昏漸暗的光線中，聆聽了國王學院聖誕頌歌的開頭。我的父親低下頭，隨著〈在大衛城中〉（*Once in Royal David City*）的第一段歌詞輕敲打節拍，我母親給了他一個關切的目光。早晨時，她偶爾會問護士，她的丈夫是否還活著。

我在父親書房的文件夾中找到了他整齊的筆記，有一段的標題為「葬禮」。

父親要求他的侄女、我的表妹，一位歌劇歌手，演唱莫札特（Mozart）的〈讚美上主〉（*Laudate Dominum*）。他請求的讚美詩是〈永生神就是靈〉（*Immortal Invisible*）。

歌詞中傳達出堅定、勤奮、公正、堅實和謙遜等美德，類似刺蝟的特質，我的父親是一位衛理公會牧師的兒子，我可以想像這些聲音在康沃爾郡的小教堂中回響：

無休歇，不匆忙，神寂靜如光，無缺乏，不虛耗，神大能掌權；
神公義如高山，極顯赫威嚴，祂良善與慈愛，匯合成泉源。
宇宙間眾生靈，皆上主造成，神能力貫萬物，神是真生命；
人一生如花草，榮枯瞬息間，惟上主永長存，永遠不改變。[5]

5 編按：翻譯取自「臺灣聖經網詩歌資料庫」。

父親希望火葬，我想。他會選擇這種方式，大概源自於他的謙虛——不願意擁有一塊墓地和墓碑，更願意將骨灰回歸神聖的土地或海洋中。每當我回憶起他在世的最後幾週時光，我描述他的狀態，都是用專注而充滿感激。即使他待在那潔淨的病房中，無法體驗外界的一切，他卻比以往都要更加熱愛自然。

3

冬天，藏著病痛與健康

一月底，在一個晴朗、逆光照耀的早晨，我開車前往金斯林刺蝟救護站，打算了解佩姬的情況。

農田上覆蓋一層冰霜，閃閃發光如同水晶。山鶉搖擺身子，啄食種子。冬日的陽光灑落在裸露的山楂籬笆。大地還在冬眠，但只要耐心靜靜等待，便發現第一株新芽已探出頭。隨著地球暖化，冬季和春季受到干擾，這會對刺蝟的季節性生活方式產生什麼影響？

我駛離了林恩路，避開卡車車流眾多的路段，轉進了一條匝道，開進一條農場小路。在路口一個角落，有一座白色小屋，旁邊是一幢新建的木質建築，它太大了，不適合當倉庫，作為工作室卻又太狹窄，而這裡正是艾瑪稱之為加護病房的地方。

艾瑪的丈夫馬克，他兼職當消防員、水電工、工匠和私人教練，並全心全意協助他的妻子——他建造了這間動物醫院。當我丈夫把佩姬帶到這裡時，就是送到了艾瑪和馬克的客廳，他們樂意分享他們的家，艾瑪經常坐在客廳裡與刺蝟相處，她把這當作一種冥想。

艾瑪說，刺蝟的爪聲和鼻息讓她很平靜，「我感覺很特別。」當母親去世後，刺蝟療癒了艾瑪，牠的聲音、充滿好奇又和藹的面孔，以及身上的「北約裝甲」，不知不覺中撫慰了她。這種安慰並不是因為刺蝟是她的寵物。儘管艾瑪給予刺蝟精心的醫療照護，如清除陰道的蛆蟲、盯著顯微鏡觀察牠們的糞便，但牠們永遠不會像艾瑪了解牠們那樣了解她，因為刺蝟終究是野生動物。

坦白說，刺蝟身上可能攜帶皮癬菌病[1]、肺線蟲、跳蚤、蒼蠅和沙門氏桿菌，且有很大機會傳播給人類，但對艾瑪來說，牠們是很神奇的存在。

嶄新的房間一側擺放著一排透明塑膠箱子，另一邊則擺放設備。箱子裡鋪滿了碎報紙，外面貼著名字標籤：巴斯特、斯威夫特、蒂奇、邁爾特、斯諾特、赫爾克里斯、星塵、斯威夫、巴迪、洛基、蒂亞瑪麗亞，每個名字旁邊都有一顆心形符號。

我可以聽到輕柔的沙沙聲、鼻息聲，還有咀嚼餅乾的聲響。艾瑪，一位四十多歲、一頭粉色頭髮的女性，面容開朗、悠然自得的微微笑著說：「世界上我最喜歡的，就是啃餅乾的聲音。」

艾瑪是一名獸醫護士，現在專注於拯救刺蝟。她說，這是她母親去世後教會她的事，「我一直想要學習和提升自己，這激發了我找尋生命中的目標。」艾瑪所在的獸醫診所專門治療刺蝟，她稱尼爾森（Nelson）博士是刺蝟大師。我在小本子裡記下要去找尼爾森博士交流。

診所裡也會幫忙做手術，甚至相當精細，包括截肢和清理膿瘡。我心想：「為了一隻刺蝟？」艾瑪彷彿看穿了了我的心思，「刺蝟需要幫助，牠們正面臨滅絕的危機。」

恰好，艾瑪的丈夫馬克走了進來，馬克說他以妻子，以及她所取得的成就為榮，他還提到艾瑪因為刺蝟改變了許多。

1 編按：Dermatophytosis，發生在角質化組織的真菌感染性疾病。

尋求比自身更大也更小的事物

馬克除了建造醫院、參與消防救火和當水電工，他還會替志工泡茶，志工也常來這裡讓艾瑪檢查刺蝟的糞便。我告訴馬克他很了不起，不過他有些不好意思，他進來只是想問我是否可以移一下車，讓他們的女兒（一名實習獸醫護士）可以開車出去。

我接著開心的問她，佩姬最近怎麼樣？艾瑪垂下頭，她說通常刺蝟來到她這裡時，狀態已經很糟糕了。如果刺蝟在白天出現，通常不是好兆頭，若是牠們看起來搖搖晃晃或者蜷成一團晒太陽，那就更糟糕了。艾瑪嚴肅的說：「蛆蟲會侵入每一個孔洞。」必須趕在蛆卵孵化前清除，要和時間賽跑。二〇二〇年對刺蝟來說特別煎熬：氣候溫暖潮溼，蒼蠅逗留時間更長，況且還有蜱蟲。

不過，像作者馬克・哈默（Marc Hamer）這類鄉村人士認為，疾病是刺蝟世界的一部分，如同他所寫的詩歌：

一隻刺蝟，
臉上爬滿閃亮的藍黑色身體，
那些貪婪吸食的蜱蟲，
我想感受它們的身體被我的拇指碾碎，
就像藍莓一樣。
而刺蝟的活血應聲擠出，
隨著寄生蟲死去。
但它們同樣有生存權利，
就像刺蝟與我，
畢竟，這只是偶然。

活著、或不活、或死去，

我讓刺蝟和牠身上的蜱蟲繼續前行……。

艾瑪若有所思的說：「我以前討厭蜱蟲，但現在對牠們多了一些尊重。」對她來說，蠅蛆病更令人厭惡，她說：「這太可怕了，尤其對那些疲憊、無辜的小刺蝟而言。」艾瑪撕下紙巾，擦了擦眼睛，「抱歉，我有點激動。」

但真正讓她感到沮喪的是人類，有些人發現刺蝟狀況不佳，卻等到隔天早上才查看牠們的情況，結果有九五%因為被送來得太晚而死亡。還有些人會餵刺蝟牛奶和麵包，卻不知道牠們有乳糖不耐症；給牠們吃小貓飼料會好得多。那些無知但好心的人，會把找到的刺蝟放在自己的溫室或廚房裡，卻不知道用這種方式喚醒刺蝟很危險。對刺蝟來說，從冬眠中甦醒會消耗大量熱量。另外可以仔細觀察刺蝟嘴裡有沒有咬著東西，牠有可能是一隻正在築巢的母刺蝟。

我聽得入神。

關於刺蝟咬物品的說法，最早源於古羅馬作家老普林尼（Pliny）的《博物志》（*Historia Naturalis*），內容記載：「刺蝟會在地上打滾，讓背上的刺刺住掉落在地的蘋果，再用嘴叼起額外的蘋果，並帶回樹洞裡，用以度過冬天。」達爾文（Charles Darwin）在一八六七年寫道，在西班牙的山區，人們曾見過刺蝟「沿著路小跑，至少有十幾顆草莓刺在牠們的背上……牠們把水果運回洞裡，安靜享用」。亞里斯多德（Aristotle）聲稱刺蝟是用後腿站立交配，這種說法讓艾瑪忍不住翻白眼。

她的工作是利用社群媒體分享科學研究結果，和保護刺蝟的方法，而獲取知識的途徑，便是研究刺蝟的糞便。艾瑪滿意的說：「我手機裡有刺蝟便便的照片，而不是我家小孩的照片。」我和另外兩位加入實驗室的女志工一起笑了。我意識到，我正是刺蝟關注者的主要人群——孩子已長大離家，手頭有時間，渴望自己被他人需要，尋求比我們自身更大但同時也更小的事物。我們懷著相同焦急的希望，注視著艾瑪和她的顯微鏡，等待她的認可。

愛是走向盡頭的過程

我想知道是哪位寄養家長在照顧佩姬，艾瑪再次低下頭，「你的丈夫是金，對吧？佩姬恐怕無法撐過去。蛆蟲已經深入到她的耳朵和生殖器，我們已經盡力清除了。」當我開車沿著環路駛回A一七高速公路時，陽光已經把樹枝上的冰轉化成乳白色的水滴。這個時節，諾福克的景色單調得如同褐色畫布，卻因日光而正悄然甦醒，大自然充滿了希望，我們卻失去了佩姬。

我思索著如何告訴我的丈夫。身為記者，對突發新聞總是帶著一絲興奮，即便是則壞消息。我整理好表情，帶著悲傷和一點滿足的告訴他：「佩姬去世了。」他震驚的喊：「這不是真的，你這個壞女人。」我點頭，眼中閃爍著光芒，「是真的。」

那只是一隻刺蝟而已，但「愛」是一段在生命走向盡頭的過程中所建立的關係。我想起躺在療養院床上的父親，看起來有點像亞西西的方濟各（Francis of Assisi）。他瘦得只剩下皮包骨，而年輕的護理人員溫柔的給予照顧，幫他換衣服、扶起他的頭，用吸管給他喝蛋白質飲料。他已經不再讀《泰晤士報》了，當我帶給他一本他會喜歡的書——西蒙．詹金斯（Simon Jenkins）的《英國大教堂指南》（*A Guide to the British Cathedrals*）時，他卻歉疚的說：「這本書太重了。」

父親剛入住療養院的前幾天，他傳了電子郵件給我，告訴我這一週的時間就足夠讓自己恢復健康了；然而時間從一週慢慢延長至兩週、一個月，最後我們開始談及春天，聊到烏鴉在樹上築巢的嘈雜聲，以及父親最喜愛的黑頂林鶯的甜美歌聲。

我們無法確定父親還剩下多少生命力，在十一月和十二月的這段時間，他那雙大大的藍眼睛變得越來越空洞，充滿了恐懼的淚水，我問他怎麼了，他說他意識到這就是結局，**他正在面對死亡，而他曾經的信仰及安慰，卻在這時離**

他遠去。

我向牧師提起這件事，他告訴我懷疑不是敵人，這很正常，但毅力才是更重要的美德，我需要父親堅持下去。後來，我發現，要說明人為什麼會流淚，除了從情緒方面外，還可以用科學解釋——心臟衰竭會影響到大腦負責情緒的區域。

冬至來臨之際，我們準備迎接失去所帶來的痛苦。

我坐在父親的床邊，回想著坎特伯雷大主教對我講述牧師工作的本質：「握住垂死者的手。」

同時在他床邊的，是最依賴他的妻子（我的母親）。

他們在這段關係中所扮演的角色改變了；在父親病倒之前，他是照顧者，現在換母親擔心他的手腳是否冰冷——他的血液循環越來越不好。

我母親從未特別喜歡諾福克，但她選擇住進父親隔壁的房間，像哨兵一樣守護著他。他們正逐漸接近生命旅程的終點，也意識到婚姻最終將建立在回憶之上。我們或許可以將靈魂說成記憶，而隨著歲月流逝，他們會再重新墜入愛河，因為愛是一段在生命走向盡頭的過程中所建立的關係。

療養院裡沒有四季

無論如何，一位老人即將走到生命終點，總是會讓人難過。

我向經常在《今日思考》（*Thought for the Day*）節目上露面的牧師吉爾斯・弗雷澤（Giles Fraser），說明我的情緒困擾，「為什麼我會如此難過？」他回答：「你無法用年齡來衡量喪親之痛。」我母親也簡潔的說：「你只是沒有預料到，我們這種年紀會發生這種事。」我贊同的點了點頭，然後我們開始放聲大笑。我還能期待發生什麼事嗎？

我父親一直以來都是一位有趣的人，深受大家的愛戴，雖然他的生命即將走到尾聲，但他並不打算就此放棄。他的信仰也許動搖過，但對生命驚人而無限珍貴的信念卻從未改變。他始終不願意在必須放手之前離開。我意識到這是他兩大主要特徵的體現：感恩和謙卑。

現在病床成為了父親生活的中心，他開始忘記這裡還有其他空間。他以前會從臥室移動到廚房，再回到他那張綠色粗花呢扶手椅上，從椅子上望出去，可以看到藍山雀在鳥浴缸中沐浴的情景，這些景色曾代表一天中不同的節奏和時刻。

熟悉的事物也開始變得陌生，比如走路去寄信。僅僅三個月前，我才帶他去過北海岸的霍克漢尋找粉腳雁，現在，他只能勉強挪動幾步去洗手間，但只要他這樣做，緊急警報就會響，護士們會衝進來，以防他摔倒。

現在父親最需要做的是保存體力，如同刺蝟，牠們懂得如何在充滿昆蟲的葉子上生活。我發現我們花園裡的堆肥堆裡滿是蠕動的蟲子，真是太棒了。

我們的花園滿是落葉，周圍種植了山毛櫸樹和山毛櫸樹籬。這些環境很適合我們的孫子比利，他喜歡踢葉子，也喜歡幫忙耙落葉，直到他厭倦。不過，我沒想到這裡竟也可以成為刺蝟的居住地。刺蝟在冬眠時會蜷縮起來，減緩心率，體溫會從攝氏三十四度下降到攝氏兩度，幾乎不呼吸，摸起來很冰冷。

我該注意父親的脈搏不能跳太快，血壓不能降太低。他疲憊的老心臟僅靠著一堆藥物勉強跳動，再多的負擔都有可能致命。我告訴父親，他選擇了適合的季節冬眠，即使他失去了對日期和天氣的感知。我每次探望他時，都會告訴他今天的天氣：外面很冷、風很大或陽光明媚，因為在療養院裡，沒有四季。

刺蝟可以依靠身上的脂肪度過冬天，但父親沒辦法。我和姐姐給他吃香蕉；我兒子從窗戶遞進健身飲料（因為有訪客限制）。我的孫子在外面愉快的揮手，嘴脣貼在玻璃上哈氣：「你在裡面做什麼？」

聖誕節過去了，時間來到一月，雪花飄飄，黃昏來的稍微晚了一點。儘管父親有幾次深夜被緊急送往諾里奇醫院，但他依然堅持著，但願我們能堅持到春天的到來。

這是最簡單、最後的一步

在蘇珊．庫爾瑟德（Susan Coulthard）的《刺蝟手冊》（*The Hedgehog Handbook*）中，她說二月是轉折點：「再過幾週，刺蝟將從冬眠的沉睡中醒來，牠飢餓且消瘦，但已經準備好重新開始一年的循環。」有些刺蝟能倖存，有些不能。到了一月底，艾瑪發貼文說有三隻刺蝟被送去見尼爾森醫生，普林斯羅斯和克利維特沒有問題了，但聖誕刺蝟崔佛沒有撐過去。

「崔佛，也就是聖誕刺蝟，一位成熟的紳士，在平安夜抵達時已體重過輕，身上滿是寄生蟲和癬病。後來，他開始恢復健康，狀況也一度好轉，直到最近他的一條腿上長出一個腫塊，儘管他持續進食，體重仍每日下降。昨天的檢查後確認崔佛患了癌症。我真心希望崔佛已經在彩虹橋的另一端自由奔跑，追逐所有蟲子，沒有痛苦和不適。感謝米豪斯獸醫醫院的尼爾森醫生。」

在我告訴金佩姬去世的消息後，收到了艾瑪的訊息：「佩姬將會是你的！

我很抱歉，我剛剛查看了她的入院表格。你丈夫在十月十七日把她送進來，她是生殖器被蠅蛆寄生。」佩姬還活著，如果一切順利，她會在春天時回家，並重新放歸到我們家的花園。

離伊麗莎白女王醫院幾英里之外，就是米豪斯獸醫診所與急診醫院，這座紅磚建築物位於一所大學校園旁，內部配有除顫器、X光和超音波等設備。由於新冠疫情期間，人們開始瘋狂飼養寵物，以至於這裡非常忙碌，但工作人員並不像伊麗莎白女王醫院的員工那樣感到不堪重負或精疲力盡。

艾瑪在這間動物醫院擔任護士，而她的朋友海倫．尼爾森（Helen Nelson）則是這裡的獸醫。海倫在林恩長大，因家中花園裡有刺蝟，所以從小便開始接觸這些小生命；她在學習獸醫科學之前，曾在野生動物中心當志工。

現年三十九歲的她，幾乎將一生都奉獻給刺蝟，她對刺蝟最深刻的體悟是牠們強烈的求生意志。刺蝟歷經漫長的演化，牠們設法避開道路、狗、割草機和殺蟲劑，在種種威脅下存活下來。但即便如此，牠們的數量仍在減少，未來可能將失去蹤影。

海倫喜愛刺蝟的另一個特點——情緒穩定。牠們不像鹿那樣神經質、易受驚嚇，也不像獾那樣具有攻擊性。刺蝟不怕人，但也不會主動尋求人類的陪伴。牠們自給自足，不會反抗、逃跑或打架，只會蜷縮起來。相較於其他野生動物，幫助刺蝟是一件非常愉快的事，她能感受到牠們的柔軟和靈活性。

她不把刺蝟視為寵物，但她能辨別出牠們各自的特點。有些比較外向，有些較為害羞；一般情況下，雄性刺蝟體型較大且氣味重，但牠們都不具社交性，充滿神祕感。牠們是夜行性動物，在人類熟睡時，牠們可以漫步數英里，牠們可以與人類共存，但無法被馴服。她將其比作知更鳥，知更鳥可以靠近人類，但不屬於人類，牠們靠近只是因為人類會在花園裡引導牠們去找蚯蚓。

海倫治療過的刺蝟傷病，揭示了牠們面臨的種種危險。如果刺蝟從高處摔落而骨折，可能需要截肢；牠們可能會被狗攻擊，但只要面部傷勢不嚴重，就可以縫合。

刺蝟的視力其實很差，牠們主要依靠嗅覺和聽覺。而最嚴重的傷害則來自獾或割草機，割草機會切斷牠的脊柱，而獾對牠們造成的傷害更是讓人毛骨悚然，牠們會將刺蝟翻過來，撕開牠們的腹部並拽出腸子。

海倫和艾瑪一樣，喜歡坐在動物醫院的刺蝟籠旁聆聽，那種令人好奇的鼻息聲給人帶來和在馬廄裡聽馬咀嚼乾草一樣的情感慰藉。海倫只希望刺蝟的求生意志，能促使這個物種存續：「無論刺蝟病得多重，牠們總是會努力進食。無論處於什麼階段，牠們都有堅定的求生意志。一想到刺蝟可能滅絕，就覺得很可怕。」

我在思考生存，也在為絕望做好準備。

我總問我父親相同問題：吃得怎麼樣？睡得好不好？他的回答總是正向的。那為什麼他還是持續消瘦下去了？我母親問了一個我們都不敢回答的問題：「為什麼他沒有好轉？」

當臨終關懷運動的創始人西西里・桑德斯（Cicely Saunders）喜愛的一位病

人，問到她自己是否即將離世時，她敢於回答：「是的。」

即使在我父親無法獨自站立時，他也從未談及死亡，**我不認為他是在逃避，反而代表他從未放棄希望**。這展現了他至高的謙遜態度，因手中不再握有生命的掌控權，所以他只希望能充分珍惜所有剩餘時光。

「接下來有什麼計畫？」他會問，而我告訴他，我打算為他倒一杯他最喜歡的當地南皮肯姆汽泡酒，然後觀看六國橄欖球賽。

「哦，太好了！」父親語氣愉悅，眼睛閃閃發亮。但他在觀看橄欖球賽期間睡著了，「我最近真是太懶散了。」他說。

桑德斯畢生致力於將死亡納入醫學範疇，但她並不贊成安樂死，她認為死亡的權利可能會變成死亡的義務。她和我父親選擇的方式是接受現實。

桑德斯引用了一位病人的心聲：「我整個人都不對勁」，來說明「安寧緩和醫療」[2]如何全面照護臨終病人。

這不僅僅是專注於醫療上的治療，而是如何在身體、心理、社會和精神層面照顧臨終病人。牧師基特．查爾克拉夫特（Kit Chalcraft）說得對：「即使是在無法用詩歌表達的時刻，仍可透過音樂傳達情感。」他和我父親一起聆聽了充滿活力的貝多芬第四交響曲，基特和我們各自把手放在我父親的手中。

這是最簡單、最後的一步——握住臨終者的手。

---

2 編按：Palliative care，指為減輕或免除末期病人之生理、心理痛苦，給予緩解性、支持性的醫療照護。

4

那些刺撫慰了傷痛

二月二十四日，俄羅斯入侵烏克蘭。這一天，訪客也紛紛湧入維多利亞與艾伯特博物館（Victoria and Albert Museum），參觀十九世紀英國作家、插畫家碧雅翠絲・波特（Beatrix Potter）和自然世界的展覽。俄羅斯總統普丁瘋狂幻想的俄羅斯主宰世界，與《小豬羅賓遜的故事》（*The Tale of Little Pig Robinson*）中角色過著「富足且平淡生活」間的差異如此明顯。

漫畫家克雷格・布朗（Craig Brown）在《每日郵報》（*Daily Mail*）上提出一些適合的主題，以轉移人們對末日戰爭的注意力——他寫下的第一個標題是「刺蝟如何安全過馬路」。

碧雅翠絲的父親魯伯特（Rupert）是北方的一位論派[1]教徒，根據馬修・丹尼森（Matthew Dennison）撰寫的波特家族傳記《越過山丘，遙遠的彼方》（*Over the Hills and Far Away*），魯伯特不喜歡任何騷亂或暴力，他更喜歡安靜的小鎮

1 譯按：Unitarianis，否認三位一體和基督的神性的基督教派別。

而非時尚的大都會。

當我去參觀維多利亞與艾伯特博物館的展覽時，發現許多觀展者都帶有約克郡或坎布里亞地區的口音，也有外國遊客。在世界秩序崩潰、暴政肆虐的那一天，人們仍然渴望研究睡鼠的習性。

在新冠疫情期間，城市失去了光彩，但碧雅翠絲早在一百五十多年前就對此有了自己的看法。她曾說倫敦是她「不愛的家」，她內心的喜悅來自北方和大自然。

她對大自然的細心觀察，就像吉爾伯．懷特（Gilbert White）[2]一樣，她展示在維多利亞與艾伯特博物館的畫作，令人們在觀賞時不禁發出讚嘆聲，口罩下的熱氣使他們的眼鏡起霧。她的刺蝟作品展示了豐富色彩和生動的口鼻部描繪，既有解剖學的準確性，又充滿個性。

她有一個標本櫃，裡面收藏著化石、蛋和蝴蝶。她曾訪問自然歷史博物館，以複製地質標本。當時的學術科學家對她嗤之以鼻，但她卻得到了一位鄉村牧師業餘自然學家的鼓勵——哈德威克・羅恩斯利（Hardwicke Rawnsley），溫德米爾湖岸雷氏教堂的牧師，也是湖區保護協會的創始人。

碧雅翠絲與英國野生動物有著特殊關係，她曾寫道：「我似乎能馴服任何一種動物。」包括刺蝟在內。一隻雌性刺蝟成為了她後來著作的靈感來源，「她對我來說，一點也不刺，她經常把刺攤平讓我撫摸。」

她曾經歷愛人離世的痛苦，前拉斐爾派畫家約翰・艾佛雷特・米萊（John Everett Millais）更是寫信建議她「隨遇而安」，這無疑體現了刺蝟的智慧所在。

她一生的摯愛諾曼・沃恩（Norman Warne），是出版社長的兒子，後來也負責她的書籍。當他因淋巴性白血病去世時，大自然成了碧雅翠絲的慰藉。她用如同描述耶穌復活般的詞彙來描述這一刻：「我記得當時的夜晚就像死亡一般寂靜，但也同樣美麗……正當我凝望這一切，海上霧中突然出現一縷金色陽

2 譯按：英國牧師，被稱為英國第一位生態學家。

光，持續了幾秒鐘——『於黃昏時，將有光明』」。

她加入了由藝術家威廉．摩瑞斯（William Morris）創立的古建築保護協會，後來嫁給了牧師之子威廉．希利斯（William Heelis）。《威斯特摩蘭公報》（*The Westmorland Gazette*）形容他們的婚禮為「最為平靜的儀式」。這對夫婦在四千英畝的土地上飼養兩群賀德威克羊（Herdwick），過著富足而平靜的農場生活。

若想要了解她筆下的刺蝟溫迪琪（Tiggy-Winkle），就必須在湖區（Lake District，西北英格蘭）待上一段時間。最先令人陶醉的，是那裡的空氣。秋天時，空氣清冷，夾帶煙燻木味；春天時，甜美芬芳的雪花飄落，為即將來臨的花卉盛會拉開序幕——滿滿的藍鈴花、報春花和野生水仙花；第二個迷人之處是光線，湖區的日照時間比南方任何一處都要長至少一到兩小時。你可以攀爬上山丘，體驗時間的緩慢流逝，一路向上追逐太陽，直到你精疲力竭、停在崎嶇的岩石上。太陽最終悄悄落下，在完全消失前放射最後一道熾熱的紅色光輝，這也是她如此深愛這裡的原因。

這裡擁有孩子們夢想中的景色：山脈、山丘、野生蕨類植物、奇異蘑菇、山頂草地、潺潺小溪、瀑布、湖泊和深潭，對於同樣夢幻的刺蝟來說，也是完美的棲息地。

碧雅翠絲已逝世的愛人諾曼・沃恩最初反對《刺蝟溫迪琪的故事》（*The Tale of Mrs. Tiggy-Winkle*）的出書計畫，他認為：「骯髒的刺蝟不會引起孩子們的興趣，因為牠們不夠毛茸茸。」這在現在看來相當奇怪。但在溫迪琪出現之前，「刺蝟」這個詞確實帶有貶義。

在威廉・莎士比亞（William Shakespeare）的《理查三世》（*King Richard III*）中，當格洛斯特公爵被加冕時，安妮夫人使用了「刺蝟」這個詞貶低他；而在《仲夏夜之夢》（*A Midsummer Night's Dream*）中，仙子們也把刺蝟與蛇、蠑螈和蠕蟲一起驅逐出境。

碧雅翠絲對動物擁有罕見敏銳度和直覺，毫不在意這些二元對立的觀念。她歡迎蝙蝠、青蛙、蛇、蜥蜴和刺蝟進入她家中的教室。她執著的觀察和畫下她的動物收藏，並按照維多利亞時代的風格——當她的寵物死後，她會將牠們煮沸，以便繪製牠們的骨骼。

她的童年時光是由自由與約束巧妙組成。她在肯辛頓長大，在那裡，她信奉基督教一位論派的雙親，與傳統的上流階級格格不入。作為非主流人士，他們被排斥在上流社會之外，在社會上的不安全感使得碧雅翠絲和她的弟弟伯蒂幾乎沒有同齡朋友，她的母親海倫是一個難以相處且控制欲強的女性，碧雅翠絲在她的日記中將她稱為「敵人」。

年輕的她，透過寵物的生活和角色，藉此從中尋求陪伴和想像中的逃避，她的私人動物園帶來了許多家庭冒險。她在其中一篇日記寫道：「蛇莎莉和四條黑色蠑螈在夜間逃跑了。在教室裡抓到了一條黑色蠑螈，在食品儲藏室抓到另一條，但可憐的莎莉卻不見蹤影。」她的自由之路得等到她三十多歲，簽下《彼得兔》（*Peter Rabbit*）的合約。

一九〇四年夏天，她在湖區度假期間，開始繪製《刺蝟溫迪琪的故事》的草圖。凱西克（Keswick）[3]附近迷人的小村莊「小鎮」（Little Town），以及紐蘭茲谷和斯基道峰，都是她的靈感來源。溫迪琪小屋的那扇小門，則是參照一個廢棄礦井的入口繪製而成。

碧雅翠絲的插圖之所以迷人，是因為她巧妙的將自然觀察和想像力結合在一起，人們發現，她筆下的所有動物都長得很「正」——從解剖學的角度來看——這在當今的兒童讀物中相當罕見。因此她的寵物刺蝟——真正的溫迪琪——成了初步插圖的模特兒（後來她改用一個洋娃娃來完整捕捉溫迪琪戴帽子的形象）。她與筆下的溫迪琪充滿情感連結，但又不給予過多的感情或理想化的色彩。

她在給諾曼的一封信中寫著：「她只要能睡在我膝蓋上，就會很高興，但如果她被扶著站立半小時，就會先開始可憐的打哈欠，然後咬人！儘管如此，

3 譯按：Keswick，位於英國湖區北邊的集鎮。

她仍是一個可愛的小傢伙；就像一隻非常胖而且有點笨的小狗。」

雖然溫迪琪的這幅肖像不是特別討人喜歡，但比「骯髒」要好得多。她被描繪得圓滾滾的，雙手可愛的緊握在肥嘟嘟、毛茸茸的臉頰下，穿著一件古雅的小圍裙。碧雅翠絲用這幅滑稽的插圖，將刺蝟帶入了一個可愛的境界。

可能只需要讓刺蝟用後腿站立，就能讓牠看起來很可愛，可愛也是一種相當簡單的美學標準，越小越圓的東西更是如此。在IG上，有很多刺蝟仰躺接受撓癢的照片，我看到東京有一隻名叫達茜的刺蝟，擁有超過三十萬粉絲，牠老是看起來像一隻翻過來的甲蟲。在其中一張照片中，牠戴著廚師帽，手裡拿著小平底鍋，而在下一張照片中，牠趴在餐盤上，夾在刀叉之間。讓人不知道應該捏牠還是吃牠。

不過，碧雅翠絲並未忽略刺蝟和人類之間複雜且不安的關係。儘管溫迪琪這個角色給人一種溫馨可愛、家庭美好的感覺，但她還是有一些刺人的特質。

碧雅翠絲的第二靈感來源是基蒂・麥克唐納（Kitty Macdonald），一位蘇格蘭洗衣婦。波特一家人在伯斯郡的鄉間別墅度過夏天時會雇用她。溫迪琪的舉止其實更像一位大媽而非母親，而故事主角露西（Lucie）是個人類小女孩，她與溫迪琪不僅是不同物種，還因為維多利亞時代的社會階級而有所差異。

帶刺但溫柔，既強大又無防備

《刺蝟溫迪琪的故事》講述露西在尋找她遺失的衣物：三條手帕和一條圍裙。她向塔比小貓和莎莉母雞尋求幫助，但牠們漠不關心。這隻母雞並不受到人類和維多利亞時代法律的約束，用類似母雞咕咕聲的方式告訴露西：「我光腳走路，光腳走路，光腳走路！」知更鳥也表現得冷漠，牠斜眼看了露西一下，然後飛遠。

露西繼續她的尋找之旅，她爬上山谷，直到發現了一處冒泡的泉水，看到了「一個小人類的腳印」。她注意到岩石上刻有一扇小門，高度正好能讓孩子通過。溫迪琪不是很高興看見這位突如其來的訪客，她用有點害怕的聲音呼喚，並焦急的注視著露西，對她行了一個正式的彎腰禮。這些情節顯示露西正在跨越魔法和日常生活的界限，進入一個神祕新世界。

但溫迪琪很快接納了露西，並向這位小女孩展示她最新完成的手工作品。看來可憐的溫迪琪忙得不可開交，她要負責替山谷裡的所有動物洗衣服，這些衣物包括知更鳥的背心、鵪鶉的桌布、母雞的襪子、兔子的手帕、小貓的手套、山雀的衣襟、小羊的羊毛外套、松鼠納特金的燕尾服、彼得兔的夾克，當然還有露西遺失的手帕和圍裙。

然而，這並非真正的同伴關係。一位殷勤的僕人，和一個好奇的孩子之間自然存在一些距離，露西注意到溫迪琪的手「非常髒，因為常常接觸肥皂，皮膚非常粗糙」，還有她從裙子和帽子裡露出的刺（或髮夾），使得露西不喜歡坐得離她太近。

刺，是刺蝟的標誌性特徵，但牠又能蜷成一團，**這使牠充滿矛盾。牠帶刺**

但溫柔，既野性又馴服，既強大又無防備。在某種意義上，諾曼是對的，刺蝟不僅僅是孩子的玩具。

正是這種變幻莫測的特性，吸引了詩人和哲學家的想像。實際上，哲學家雅克・德希達（Jacques Derrida）將刺蝟視為詩歌本身的隱喻。他受一家義大利詩歌雜誌的委託，寫了一篇回應「什麼是詩？」的文章。他的答案是：刺蝟。

他從早期哲學家弗里德里希・施勒格爾（Friedreich von Schlegel）那裡得到了靈感，施勒格爾曾寫道，一首詩「必須完全脫離周圍的世界，像刺蝟一樣自我封閉」，德希達進一步闡釋了這一觀點。

德希達告訴我們，想像一隻刺蝟在馬路中央蜷成一團、自我防禦。然而，牠的防衛「同時」也將自己暴露在迎面而來的車輛威脅之下，他認為，這就像一首詩。一首詩**透過拒絕被完全理解來保護自己**，但與此同時，它也面臨被忽視和遺忘的風險。詩歌，就像刺蝟一樣脆弱的，它請求讀者「把我記在心中，抄寫下來，守護和保護我，並關心我」。在適當的關愛下，刺蝟——或者詩歌

——會放下它的刺，向我們敞開心扉。德希達指出，「記在心中」這句話，幾乎每種語言都有對應的表達。詩歌和刺蝟一樣，觸動我們的情感共鳴，喚起我們內心的保護欲和母性情感。

自由漫遊，不屬於任何人

對於一位通常與無神論，和解構主義這些尖銳理念相關聯的哲學家來說，這可能顯得有些多愁善感。事實上，德希達非常熱愛動物，並為動物權利提出了感人的論點——儘管他認為這個詞彙本身就是問題的一部分。

作為一位對語言高度敏感的哲學家，德希達認為，「動物」一詞是一種壓迫性的工具，強化了人類的主導地位，它是人類創造出來的一個稱呼，是人類給予自己權利和權威，來為其他生物命名……儘管蜥蜴和狗、單細胞生物和海豚、鯊魚和羔羊、鸚鵡和黑猩猩、駱駝和老鷹、松鼠和老虎、大象和貓、螞蟻和鼉、刺蝟和針鼴之間存在著無限差異，人類卻把它們統稱為「動物」。

德希達與西方哲學觀點存在分歧，因為後者要麼完全忽視動物的生命，要麼否認它們是有意識的存在。哲學家海德格（Martin Heidegger）認為動物在世界是貧乏的，而是人類「創造世界」。德希達認為，這種優越感源於基督教。在《創世記》（*Genesis*）中，上帝宣示人類將「管轄海中的魚、空中的鳥、地上的牲畜和所有在地上爬行的生物」。

然而，這與現今的氣候意識觀點不太契合。我們與動物的關係，因為大量生產的需求而嚴重惡化，這是德希達在一九六〇年代就已經觀察到的事，他察覺到格子籠農舍及自然棲息地將不斷遭到破壞。

而當代作家與德希達一樣，將氣候災難與西方人本主義意識形態間建立了關聯。經濟學家約翰・格雷（John Gray）在《稻草狗》（*Straw Dogs*）一書中，將自然界遭受的巨大破壞歸咎於人文主義，他認為我們對生物擁有的「統治權」是其中主因。

在印度教文化中，人類與動物的關係與其他文化觀點截然不同，他們相信動物像人類一樣擁有靈魂，而有些教義則會規定信徒必須吃素。當代科學正逐步揭示，這種信念可能是對的。二〇一二年，一群著名的科學家發表了「劍橋意識宣言」，宣稱包括章魚在內的無脊椎動物是有意識的生物。

我們的文化正在逐步認識這一點，在疫情封鎖期間，紀錄片《我的章魚老師》（*My Octopus Teacher*）探討了潛水員與章魚之間的關係，引起全球震撼。我肯定會在去義大利熟食店之前三思而後行，不會再輕易吃章魚三明治；而在導演安德莉亞·阿諾德（Andrea Arnold）的新紀錄片《牛》（*Cow*），則近距離描繪了一頭乳牛的生與死。在開場中，乳牛與小牛分離後變得沉默寡言、無法進食……我仍無法鼓起勇氣觀看它。

回到德希達的觀點，他說「動物」這個問題很簡單，我們只需要問：「牠們是否感受到痛苦？」如果是，我們將面對第二個更難的問題：「為什麼我們讓牠們如此痛苦？」他的論述一針見血：「讓我簡單談一下這個『感傷』。如果這些畫面是『令人感傷的』，如果它們喚起了同情，那也是因為它們『悲哀的』揭示了關於感傷和病理的重要問題，確切的說，這是關於痛苦、憐憫和同情的問題。」

這種情感表達，你怎麼看？我們未能保護刺蝟，德希達認為這是一種存在主義上的失敗，象徵著我們與生物界的疏離（有趣的是，動物這個詞源自拉丁語 anima，意思是「生命」）。在這個議題上，愛爾蘭劇作家薩繆爾·貝克特（Samuel Beckett）也有深刻的洞察力，他在《同伴》（*Company*）中描述了一場悲慘的錯救刺蝟事件，故事源於他自己童年時期的一次錯誤行動。

貝克特憐憫一隻待在寒風中的刺蝟，他帶牠進屋後放進一個圓形盒子中，再放到廢棄籠子裡，並打開籠門讓刺蝟自由出入。他對自己這個「善舉」感到微微得意，且這個舉止使他整個人散發出微弱的光芒，並覺得刺蝟能遇到他是他的福氣。

然而隔天早上，那股光芒消失，一種強烈的不安感取而代之。他開始懷疑事情並不像當初想的那樣，也許他不應該那樣做，而是應該讓刺蝟自行其道。過了好幾天，甚至幾個星期，他才鼓起勇氣回到籠子前。他從未忘記自己當時看到的景象——一團爛泥、散發惡臭。

他體會到人類笨拙干預所帶來的痛苦現實。泰德·休斯也有同樣的經歷，當他發現自己的刺蝟「像個小孩子一樣哭泣」、「牠把鼻子塞在角落，淚水成池，哭得撕心裂肺」。

刺蝟是人類家庭環境邊界的疲憊旅人，經常被抓起來、搬動和粗暴對待。無論我們是否有意為之，我們都難以承認對牠們的各種虐待行為。詩人保羅·穆耳頓（Paul Muldoon）在他的詩〈刺蝟〉（*Hedgehog*）中探討了這一點，描述這些生物帶有一種毀滅性的憤世嫉俗。因此，無論我們多麼希望與刺蝟建立情感聯繫，牠們依舊不會向我們敞開心扉。

刺蝟，

不與任何人分享牠的祕密。
我們說，刺蝟，出來
展現真正的自我，我們會愛你。
我們無意傷害。我們想要，
聽聽你想說什麼。我們想要，
你回答我們的問題。

刺蝟毫不吐露，守口如瓶。
我們疑惑刺蝟，
究竟有什麼隱情，為何如此不信任。
我們忘了這頂荊棘冠下的神祇。
我們忘了再也不會有神信任這個世界。

在《刺蝟溫迪琪的故事》的結尾有個轉折，當小女孩露西轉身道別時，她發現溫迪琪已經消失了。她既沒有等到感謝也沒有等到洗衣費。突然間，露西瞥見她跑跑跳跳的上了山。但那根本不是溫迪琪——因為她的白色皺摺帽、長袍和襯裙都不見了。

原來，溫迪琪只是一隻刺蝟，而且，她就應該像隻刺蝟——自由漫遊，不屬於任何人。

5

擅長，做刺蝟

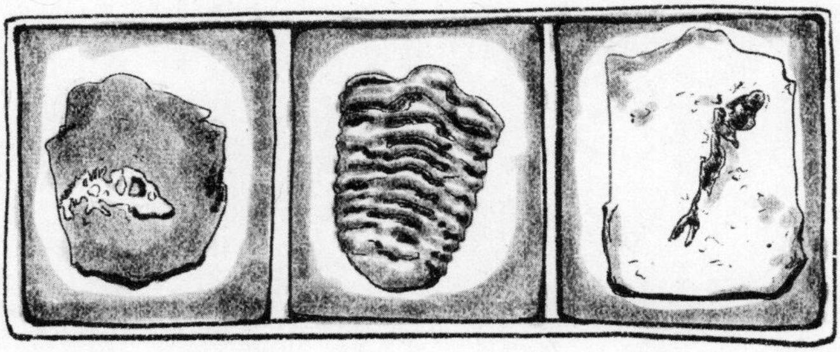

我再次想起斯圖爾特那場刺蝟演講，講述了刺蝟及其祖先差點被霸王龍踩扁。這個物種的悠久歷史令人謙卑，而數百萬年來，牠們一步、一步的前行。

在自然歷史博物館（The Natural History Museum），有一具刺蝟骨骼化石，來自距今約五千六百萬至三千三百萬年前的始新世（Eocene）中期。這具化石呈奔跑態，後腿全力伸展，厚重的骨盆下……還有一條尾巴。

古生物哺乳動物館館長斯皮瑞杜拉．帕帕（Spyridoula Pappa）博士，帶我參觀達爾文《小獵犬號航海記》（*Voyage of the Beagle*）中存放有下頜骨的檔案櫃之後，向我展示了她的珍寶。

導覽員羅拉，穿著一件綠色長裙，搭配黑色 T 恤和時尚的耳環，看起來美麗又纖細，像一位駐唱女歌手。在她黑色口罩上方，露出明亮的深色眼睛，和精心修飾過的眉毛，頭髮光澤亮麗。

我說刺蝟看起來有點像老鼠，羅拉微微皺起眉並嚴厲的回答：「刺蝟不是齧齒動物。」

羅拉原諒了我，然後向我展示更多小小的燧石。我看到有一隻僅兩英寸大的刺蝟，大約就和一隻鼩鼱一樣大，其化石發現於英屬哥倫比亞，有五千兩百萬年的歷史。

接著，羅拉帶著愛惜之情，戴著塑膠手套舉起了在法國被發現的一部分頭骨，這是一個帶刺、顏色像焦糖和太妃糖般的化石。

我們談論到一隻史前巨型刺蝟，儘管這裡沒有牠的化石，但人們相信這種刺蝟生活在晚中新世時期的義大利。我想到威爾特郡埃夫伯里附近一座小山上的樹丘，當地人稱之為「三隻刺蝟排成一列」（three hedgehogs in a line）。

我也想到克羅麥附近的西朗頓，那裡的懸崖底部有一層泥炭地，裡頭充滿了化石。這層泥炭地保存了許多小型哺乳動物和鳥類的骨骼。到了第四紀（Quaternary Period）——約兩百六十萬年前——開始，出現了另一種捕食者——人類，他們開始壓制刺蝟等動物。

羅拉指著顯微鏡下，另一個帶有微弱切痕的刺蝟標本，這個標本的時間早於人類用火的時期，我們回到了人類祖先的起點。

現在仍有人吃刺蝟，而且牠也是羅姆人[1]的傳統菜餚和經典路殺美食[2]。休．沃里克在他的著作《一件棘手的事》（*A Prickly Affair*）中，引用了一道複雜食譜，他被譽為刺蝟界的大衛．艾登堡。這道食譜來自耶斯里爾．瓊斯（Jezreel Jones，生物學家）在一六九九年於《自然科學會報》（*Philosophical Transactions of the Royal Society*）所發表的〈摩爾人烹飪肉類的方法記述〉（*An Account of the Moorish Way of Dressing Their Meat*）：

「對他們來說，刺蝟是一道珍饈。先由兩個人各自握住刺蝟的腳，背部朝地來回摩擦，直到牠不再吱吱叫。然後割開牠的喉嚨，用刀切掉所有的刺，並微微烤焦。接著取出內臟，用一些米、香草、鷹嘴豆、香料和洋蔥填充刺蝟的

1 編按：Roma，也稱作吉普賽人，為散居全世界的流浪民族

2 譯按：指以被車輛撞死的動物作為烹飪食材。

身體。在燉煮刺蝟的水中，加入一些奶油和鷹嘴豆，再將其放入密封小鍋裡燉煮，直到熟透，如此便完成一道美味菜餚。」

在坦尚尼亞的奧杜瓦伊峽谷所發現的刺蝟化石，上面的切痕不僅揭示了我們人類的行為，還有助於了解刺蝟的舉止。一九九九年，一篇刊登在《人類進化期刊》（*Journal of Human Evolution*）的文章，標題為「奧杜瓦伊峽谷第一層小型哺乳動物上的切痕」，解釋了學者們所記錄的：「刺蝟下顎骨上的切痕呈斜向排列，這些與踩踏所留下的痕跡不同」。註釋指出，這些切痕可能是為了剝皮，想到獾的所作所為，我不禁打了個冷顫，人類在殺刺蝟的方法上，至少還是溫和一些。

羅拉的辦公室裡還展示著一些其他化石，其中包括來自瑞士的長鼻子碎片化石，以及源於非洲的一組完整的骨骼化石。陪同我們的是史蒂芬妮・霍爾特（Stephanie Holt），她是自然歷史博物館的生物多樣性培訓經理，她專精的領域是蝙蝠，但刺蝟也是她的愛好之一。她凝視著化石托盤說：「化石能讓你穿越時光，探索刺蝟的過去、現在和未來。」史蒂芬妮有著赤棕色頭髮，皮膚曬得健康黝黑，對保育工作充滿熱情。

「刺蝟的奧祕在於，牠們對我們來說依然有些神祕。」史蒂芬妮坐在一張綠色沙發上，沙發上方掛著一幅未開發地區的地圖，以及兩位偉大的英國自然學家肖像——「化石女士」瑪麗・安寧（Mary Anning）[3]，與十八世紀的鄉村牧師兼業餘自然歷史學家吉爾伯・懷特。

我們眼前所見是一個保存完好的刺蝟標本，透過剝製技術處理後，牠看起來彷彿在移動。牠的腿像早期化石一樣長，我曾粗魯的誤認牠是齧齒動物，在博物館裡，大家都稱牠為林福德。我正在學習辨別毛色上的細微差異，這隻刺蝟的刺有日曬斑駁的痕跡。我想，如果再次見到牠，我會認出牠的。

3 編按：英國早期的化石收藏家、經銷商、古生物學家。

牠在告訴我們世界的情況

專注於細節，是成為一名優秀自然歷史學家的關鍵。碧雅翠絲繼承了懷特的傳統，精確記錄下動植物的外觀和行為。史蒂芬妮是懷特的忠實粉絲，因為他確立了一種以觀察為主，而非高談闊論的英式研究方法。

在懷特之前，我們的自然歷史如同羅馬人的教義一般被奉為聖訓，史蒂芬妮驚呼：「我們只是照搬普林尼說的！」我還記得普林尼在《博物志》中，那令人匪夷所思的記載：「刺蝟會在地上打滾，讓背上的刺刺住掉落的蘋果，再用嘴叼起其他顆，帶回樹洞裡，用以度過冬天。」

懷特在一七七〇年對刺蝟的描述，讓史蒂芬妮最為印象深刻。與用科學方式檢驗死去標本不一樣，懷特捕捉到了刺蝟的真實特性。如果我們要描述自然歷史博物館的林福德標本，我們可能會說牠是一種長腿、帶刺、天生適合奔跑的生物，但我們不會知道牠會捲曲起來，或者更精確的說，牠會先皺起眉頭。懷特更喜歡細緻觀察，他曾寫信給他的朋友托馬斯・彭南特（Thomas Pennant），《不列顛動物誌》（*British Zoology*）的作者，信中寫到：

我的摯友，在我的花園和田野中，刺蝟隨處可見，牠們吃車前草根部的方式非常奇特：用上顎在植物底下鑽洞，然後從根部開始向上啃食，最後留下完整葉簇。以此情況來說，牠們很有用，因為如此能清除煩人的雜草，但牠們會在草坪上挖些小圓洞，讓走道看起來不太整齊，而從牠們留下的糞便來看，甲蟲也是他們的食物之一。

去年六月，我收養了一窩四到五隻年幼刺蝟，牠們看起來約有五、六天大。我發現，牠們出生時像小狗一樣不太能視物，此時的刺尚且柔軟、有彈性，否則在分娩時刻，母刺蝟會非常痛苦。而小刺蝟的背部和側面也有硬刺，稍不留意就可能劃傷手。

在這個階段，小刺蝟的刺是白色的，耳朵也還沒豎起來，我不記得成年刺蝟的耳朵什麼時候是垂下來的。牠們在這個年齡段，可以把部分皮膚拉下來蓋住臉，但還不能像成年刺蝟那樣，為了防禦而縮成一顆球。

我猜是因為肌肉尚未發展好的關係。到了冬天，刺蝟會用樹葉和苔蘚製作溫暖的巢穴，將自己埋在裡面禦寒，但牠們似乎不會儲存糧食來過冬……。

史蒂芬妮被懷特細緻入微的觀察深深打動，此前從未有人提過，可以透過刺的顏色來辨識牠們是否剛出生。「懷特一定是發現了一個刺蝟巢穴。」史蒂芬妮興奮的說。

想了解刺蝟，我們需要觀察力，但當刺蝟突然消失不見時，便很難繼續觀察牠們。我開始對刺蝟很感興趣，就會仔細搜索樹籬，或者在看到可能是刺蝟的東西時停下腳步，但最後可能都只是一塊石頭或灌木。

此外，路殺數據顯然已不可靠。究竟有多少刺蝟會橫穿馬路呢？也許刺蝟已經變得更加注重道路安全，但這聽起來像是普林尼會提出的說法。我擔心懷特得出結論是，刺蝟的數量正急劇減少，特別是在諾福克地區，狩獵季節[4]結束後，我看過被車輾過的稚雞、兔子、山羌和獾，唯獨沒有刺蝟。有趣的是，儘管我們很少實際見到刺蝟，卻仍對牠們有清晰的印象，這要歸功於碧雅翠絲。

與此同時，蝙蝠也面臨巨大威脅，有些種類的數量減少了九〇%，但相較於刺蝟，蝙蝠更難引起公眾的關注或興趣，因為牠並沒有像刺蝟一樣，成為碧雅翠絲筆下的角色。但史蒂芬妮找到兩者的相似之處。蝙蝠和刺蝟一樣是夜行性動物，身形隱祕而視力較差，牠的獵物同樣受到農藥影響。

讓史蒂芬妮著迷的——現在也讓我著迷——是刺蝟的生存能力，牠在告訴我們世界的情況。「刺蝟是絕佳指標。牠們是相對古老的物種。」史蒂芬妮說，「牠能告訴你是否生活在一個良好的環境和生態系統中。」我們可以打造

4 譯按：在英國，狩獵季節是指特定野生動物的狩獵許可期限，通常根據不同的野生動物種類和地區而定。

適合刺蝟的景觀，有小菜園、池塘和灌木叢，但這樣有用嗎？我照做了，仍然無法找到我的刺蝟。

刺蝟最擅長的，是做自己

史蒂芬妮提到，如何應對氣候變遷，是刺蝟將面臨的重大挑戰。在更溫暖潮溼的冬天，牠們會不會延長清醒的時間，甚至完全不冬眠？紐西蘭有一個有趣的案例，在北島，刺蝟因全年有食物，所以不冬眠；南島的刺蝟面對寒冷的冬季和缺少糧食，因此需要冬眠，這種劇烈變化，是否會帶來生理上的損害？

艾瑪和其他刺蝟醫院的志工細心監測刺蝟的體重，但問題來了，牠們是否應該在冬天增加體重？如果氣候繼續溫暖下去，是否有時間再生第二或第三窩？這會讓刺蝟寶寶的體質變虛弱嗎？物種在面對環境變化的壓力時，需要更深入研究，史蒂芬妮急需一筆資助來探索。

除了氣候變遷外，掠奪者是這個物種最主要的威脅，主要可以分為獾和那些在道路上的「豬頭」駕駛。

當我憤慨的問獾為什麼會攻擊刺蝟時，史蒂芬妮回答：「因為獾有這個能力，當牠們看到一塊移動緩慢的美味蛋白質時，就會攻擊。牠們的數量不斷在增加，這已經對一個努力生存的物種造成影響。」刺蝟獨來獨往的性格，使其更容易成為獾的目標，縱使成群聚集，也無法降低牠們的脆弱程度，「聚集在一起沒有任何好處；最好分散開來，獾也難以發現。」史蒂芬妮建議。

史蒂芬妮從罐子裡搖出一些骨架的腿骨碎片，她說刺蝟的腿骨其實很長，只是我們看不到，因為牠們行走時，身體非常靠近地面，因此掩蓋了牠們較長的腿骨。

人們最常問的兩個問題，其中一個是刺蝟與獾的關係，這個問題我不太喜歡，之後會再談回到；另一個問題則是刺蝟的交配習性。雖然很少見，但只要看過一次，便難以忘懷。

刺蝟如何交配？泰瑞・普萊契（Terry Pratchett）所寫的這首詩，被認為是表達刺蝟交配習性的最佳作品。

刺蝟根本無法被幹。
與動物亂倫真是一樂事，
但我必須警告你，
幾乎所有動物都能讓你玩得開心，
但刺蝟根本無法被幹。

副歌：牠背上的刺對人類來說太尖銳，
會讓你在最糟的地方感到疼痛。
我想你會發現，結果令人驚懼，
刺蝟根本無法被幹。

史蒂芬妮回憶起這段往事時，不禁雙手緊扣：「我曾目睹刺蝟交配，哇，牠們真的很吵！上一次碰到是我在調查蝙蝠時。當時我在花園，天色漸暗，忽然間，我身後兩隻刺蝟開始交配。牠們發出的聲音很有趣，像蒸汽火車一樣奇怪，而且音域相當廣。我猜聲音是母刺蝟發出來的。」

有些人希望在英國脫歐後，將刺蝟作為英國的國家象徵，他們可能在嘗試淡化一件事實：我們的刺蝟其實來自歐洲。

歐洲刺蝟是在冰河時代接近尾聲、海平面開始上升時，透過陸橋進入英國，這是一種古老的生物，黃昏時分是他們活躍的時候。

這就是為什麼史蒂芬妮最喜歡黃昏，她形容這是一個交接時刻，鳥兒停止歌唱，「你可以感受到臉頰上的溫度變化」，白天的動物已入睡，在這片刻的寧靜中，你可能還會遇見一隻奇怪的鵝，但氣氛已經開始改變。你會聽到樹籬間微微的沙沙聲，看到第一隻蝙蝠探出頭確認北雀鷹已經回到牠們的棲息地。

再過一會兒，你開始聽到一些輕輕的鼻息聲——刺蝟出現了。

當大自然重新恢復平靜時，樹籬的沙沙聲將伴隨著樹葉微微碎裂的聲音。這種情境常出現在一個擁有酸蘋果、梨和李子樹的花園裡，這些樹種為各種不同生物提供棲息地，例如潮溼地帶適合蚯蚓生長，池塘則是蛞蝓的家園。你會希望這個花園不會跟上夜間使用無人割草機的新潮流。

讓我們重新回到刺蝟的智慧，和以賽亞·柏林思想的話題。我問史蒂芬妮，刺蝟究竟知道什麼?史蒂芬妮忠於科學，她不認為刺蝟擁有我們所想像中的智慧，「刺蝟的腦袋裡沒什麼特別的東西。」她解釋：「刺蝟的腦部比例，與其他食蟲目動物或鼩鼱相比，顯得小很多。」我驚訝的追問：「所以刺蝟其實不太聰明嗎?」她回答：「牠們非常擅長做刺蝟，比我做得更好，但一點也不擅長抽象思考。」

6

黑夜帶來生機與死亡

我正在倫敦帕爾摩爾街的雅典娜俱樂部，參加一場討論烏克蘭危機的外交晚宴，一位前北約祕書長談到了實力與外交之間的微妙平衡，以及團結一致的重要。我的手機上顯示著一則訊息，內容是關於我們北約的象徵——刺蝟。艾瑪說佩姬已經準備好回歸野外環境了，而且必須在明晚將她歸還大自然。我可以從醫院拿一個盒子接她回家，「你準備好刺蝟屋或木頭堆了嗎？」

我在桌子底下有氣無力的回覆訊息：「明天晚上會有些棘手。我還有會議，能不能等到週末？」

艾瑪立即回應：「哦，不！讓我確認一下氣溫。最好明天野放，這樣牠能有兩天的適應時間。」

我無法放棄刺蝟回歸自然的好時機，所以排開了所有行程，隔天早上開車前往諾福克。幸運的是，我記得我們的小兒子買了一個精緻的苔蘚刺蝟屋，藏在山毛櫸樹旁邊的山楂籬笆旁。我迫不及待想告訴艾瑪，希望能讓她高興。

天氣預報顯示將有兩股強烈風暴來襲，暗黑的雲層籠罩在諾福克的沼澤地帶上。在M一一高速公路上的貨車快速行駛，濺起水花，彷彿穿越乾冰一般。威西河的河水淹過蘆葦和燈心草，形成田間水池。小路上積水遍布，噴濺起來的水花拍打在前擋風玻璃上，這個景象滿足了每個人心中的十歲小孩。

我停下來買幼貓餅乾，皺著眉頭看著各種選擇和包裝。回到家後，我開始清理刺蝟屋，替新住戶準備好環境。這個刺蝟屋真的很精緻實用，我不明白為什麼它會閒置這麼久。我用手機拍了一張照片，傳給艾瑪，並附上標題：「佩姬的新家已準備好！」

艾瑪的回應顯得有些疑慮：「那個屋子裡面有金屬線嗎？如果有的話不太適合，因為刺蝟的腳可能會被卡住。你有木製的嗎？或者你可以自己建一個。」我試著用樹枝和葉子建造一個小巢，得到艾瑪的認可時，我的精神為之一振。我提醒自己要考慮刺蝟整個物種的利益，而不是僅僅關注個體，但實際上我很興奮，佩姬即將回到家裡了。

療養院，已是新家

與此同時，我父母的家依然空著，清潔工凱特仍每週來一次，床已經整理好了，他們隨時可以再次踏入家門。但**他們現在生活在一種不穩定的狀態中，**好似看不見未來，也遠離他們過去所喜愛的混亂環境；我既想讓療養院房間變得更溫馨，又不想暗示那裡已經是他們的新家。

我把療養院臥室裡一幅普通的玫瑰圖片，換成一幅貓頭鷹的畫。我不確定父親是否有注意，但這幅畫作讓來訪的人喚醒了從前的回憶或情感共鳴。我也試過做其他小改變，例如更換地毯和靠墊，但父親在地毯上滑倒，摔了一跤，所以現在床邊放了一個裝有警報器的橡膠墊。我去看望他時，他躺在床上，神情警覺但未有動作，他太累了，已經無法閱讀，也沒有心思聽收音機。

當牧師基特・查爾克拉夫特提議播放他所喜愛的貝多芬時，我們找到了比收音機更簡單的方案。我的丈夫安裝了語音識別技術 Alexa[1]，我父親在床上欣喜若狂的指揮貝多芬的《F 大調第六交響曲「田園」》。我也帶來父母年輕時的照片，他們現在正共同履行他們的婚姻誓言——無論健康或生病，我們將一起攜手度過。他們年輕時最喜愛的歌曲，是來自音樂劇《南太平洋》（*South Pacific*）的〈那迷人的夜晚〉（*Some Enchanted Evening*），我讓 Alexa 播放這首歌。在空蕩的房間裡，他們相互凝視，帶著共度一生的深情。

來自詩人 T.S. 艾略特（T.S. Eliot）《四個四重奏》（*Four Quartets*）的詩句，一直迴盪在我的腦海中：

現在和過去的時間，
或許都存在於未來，
而未來的時間也擁有過去。

我們不談論未來，但我們可以猜測。我們在等待那一刻的到來，而我父親以令人驚訝的優雅姿態迎接它。

回歸自然，而不是人類的房子

我在新的豪華樹枝巢穴旁放了些幼貓餅乾和水，還撕下了我丈夫收藏的《英國新聞評議》（*British Journalism Review*）的其中幾頁，我唯一能找到的有蓋子的箱子，曾用來裝可口可樂罐，雖然這品牌形象似乎不太適合受保護的英國物種，但來不及找別的了。我下午四點半開車前往金斯林，到達艾瑪的刺蝟旅館時已是傍晚五點半，天色已暗。

現場車輛亂停在車道上或路邊，就像我們發現了一家不太知名的酒吧一樣。今晚將釋放三十一隻刺蝟，艾瑪正專注的工作，她把頭髮綁成馬尾，頭上

1 編按：亞馬遜推出的一款智慧型助理，具有語音互動、播放音樂或有聲書等功能。

繫著紫紅色的緞帶。

地板上排列著一排寵物旅行箱，上面鋪著整齊撕碎的《每日郵報》。我試著把我的可樂箱藏在我的雙腿後。一位看起來苗條的女士，正在送交和接回刺蝟，後來得知她是佩姬的寄養家庭照顧者溫迪，但在溝通上有些不清楚，以至於她沒有把佩姬帶過來。我只能說沒關係，努力掩飾深深的失望。

艾瑪堅持今晚必須將佩姬放歸大自然。我半開玩笑的問是不是因為滿月的緣故。艾瑪告訴我，現在溫度正好，約攝氏十二度，佩姬的體重也剛好。野放標準的體重是八百五十公克，她現在是八百九十二公克。如果再拖下去，佩姬可能會開始有壓力。我向寄養家庭照顧者提議跟她回家接佩姬，她住在諾福克海岸的亨斯坦頓，距離刺蝟醫院約十八英里。

我們抵達溫迪的家，兩隻可麗犬蹦蹦跳跳來到前門，牠們已經學會和刺蝟和諧相處。後門外面是刺蝟的籠子，一個木製且寬敞的家，籠子裡放了一堆乾草和報紙，她遞給我一雙橡膠手套，我開始在裡面摸索，直到找到一團結實的刺球。還好現今社會對肥胖羞辱很敏感，不然新聞媒體對佩姬回歸的標題可能是：「體重直線飆升。」

我把佩姬抱出來，溫迪試著拍張照片傳給艾瑪。但我看不到牠的臉或任何特徵，牠蜷縮成一個球。聽從溫迪的建議後，我稍微搖動，感受到牠溫暖而活躍的重量。溫迪接著告訴我翻轉牠，我把牠翻轉進可樂箱裡，果然，佩姬露出了溼潤的黑色鼻子，並抬起牠的肉墊爪，像皇室成員揮手一樣。我驚呼，不確定該用哪些感嘆詞。溫迪和我都懂，我們不該把刺蝟當作寵物來對待，因此不能評論牠們的可愛或其他擬人化的特質；我也不能問溫迪日後是否會想念佩姬，人類與刺蝟之間不應存有友誼。所以，我只能揮手道別，而佩姬也以牠自己的方式告別。

我把盒子放在副駕駛座上，在回家的路上，我希望這能稱之為一種默契的沉默。箱子裡一點聲音也沒有，如果牠是寵物的話，我可能會安慰牠，告訴牠為什麼我們在這條月光照耀的路上，現在已經過了黃昏。我會指出村莊裡房屋的燈光，這些燈光從廚房和電視機散發出來，營造出一種與外面的黑暗雨天截然不同的溫馨氛圍。

我本來想解釋家的情感吸引力，但被救助的刺蝟，最終會被送回牠們本來的生活環境，例如花園，而不是人類的房子。雖然我可以保護佩姬免受農藥、割草機或池塘網等危害，但我無法保證牠不會遇到狐狸和獾的攻擊，或者其他半野生環境帶來的挑戰。

我在靠近家的小路上打開車頭燈，以確保路上沒有任何障礙物。若是救了一隻刺蝟卻又不小心碾過另一隻，未免太諷刺了。我看見野兔和幾隻田鼠。在諾福克，雉雞是路上最常見的路殺動物，牠們雖在狩獵季節存活下來，卻死在了鄉間小路上。

我把車開進車道，熄火後我看向佩姬，牠從箱子裡瞇著眼睛往外看。終於到了。我戴上從療養院帶來的個人防護手套，將箱子拿到樹籬旁的巢穴，輕輕把她倒出來。因為天色已暗，我無法在沒有照明的情況下觀察牠的動向，所以我決定讓牠自己去適應。

那晚，我沉浸在家庭的溫馨中。我泡了個熱水澡，躺進剛換上的埃及棉床單裡，並將手機調成靜音。入睡前，我望向窗外的黑夜，樹木的剪影在月色的籠罩下隱約可見，薄霧瀰漫，令我想起，野性即是自由。

達德利風暴（Storm Dudley）掀起狂風，窗戶隨之震顫。月光透過窗簾縫隙照射進我的臥室。我輾轉難眠，擔心佩姬在外的情況。樹枝巢穴會不會讓牠有家的感覺？牠會從那裡徘徊出去嗎？我想到溼潤的山毛櫸樹葉、烏頭和雪花蓮，還有近在咫尺的山楂籬笆。這是我能想到最適合刺蝟的生態環境。

在凌晨，我聽到了灰林鴞的叫聲，我猶豫是否該拿手電筒出去查看，但我能想像，如果我開始對這隻幾個月來第一次體驗到自由的野生哺乳動物照射光線，艾瑪肯定不贊成。

我回到床上，把有關宇宙、創世和哲學的思緒擱置一旁，轉而思考一些日常待辦事項。我漸漸入睡，但幾個小時後被外面的敲打聲和腳步聲吵醒。半夢半醒間，我擔心有人來找佩姬，外面傳來車聲，但沒有看見車子。路上有燈光，但我猜這大概是風暴的關係，並沒有在意。隨即我聽到更多的喊叫聲、腳步聲，然後房子裡傳來動靜。

我僵住了。我應該去看看還是躲起來？時鐘顯示凌晨四點五十分，竊賊應該不至於在這個時間來偷東西。據說這房子裡有一個名叫芭芭拉修女的幽靈，她因與強盜勾結而被囚禁在牆內，但我現在聽到的是一名男性的聲音，而且從腳步聲聽來，他正沿著樓梯走來。

當我轉動門把手時，入侵者站在我面前，原來是我的哥哥，「你沒接電話。」他說，「而且你樓下的窗戶開著。爸爸昨晚過世了。」

晚安，諾爾！

我換了衣服，進入駕駛座，打開車燈，沉默的消失在夜色中。對刺蝟來說，黑夜可能是熟悉的朋友，但對於我們其他人來說，它象徵著動蕩、生或死。

護理之家的夜燈顯得平靜而肅穆。值班的首席護士娜丁是我爸爸最喜愛的醫護人員，她打開門，擁抱我，帶我穿過寂靜的走廊，打開臥室的門。我父親側躺著，他羽毛般的白髮抵著枕頭，面容輪廓分明，皮膚蒼白，額頭冰冷。他的手尚未僵硬，我仍能抬起並揉搓。他還未離去，窗戶敞開著，他的靈魂可以自由離去。

父親的床邊放著一本靜夜頌，這是意外的巧合，他的牧師朋友前一天剛見過他，他們一起討論這篇禱告文。在夜幕降臨前，他讀著這些文字，睡眠成為了死亡的隱喻。

願主保佑在這夜裡工作、守望或哭泣的人們，求你派遣你的天使保護正在安睡的人，主耶穌基督，求你看顧病者，賜予疲倦者安息，賜福於垂死者，撫慰受苦者，憐憫受難者，保護快樂者；這一切都是出於你的愛。阿門。

在父親床頭的抽屜裡，放著他的筆記本，裡面寫著他幾個月前匆匆記下的想法，他恐懼「結局」，對「來世」疑惑，父親筆跡潦草，寫滿了問號。但最後一句只有一個詞：晚禱。也許這是一種答案，就像威廉斯所說，接受本身就是一種信仰。

護士們宛如修女般安靜。她們關上房門，在幫父親洗淨和穿衣的過程中，精心挑選了一件格子襯衫，小心的取下他從不離身的手錶，所有舉止充滿了安詳和尊嚴。

我帶著母親走到父親的床邊，讓她道別；警察和救護人員坐在護士站裡填寫他們的證明文件，隨後，擔架被推了進來，酒紅色的布覆蓋住父親，我跟隨著殯葬人員和姐姐，看見護士們在走廊和接待區排成了榮譽護衛隊。當父親的遺體被抬上靈車時，一群烏鴉飛過天空。是的，我父親身上有些亞西西的方濟各的影子。

母親喝了一些白蘭地後正在休息，所以我回家沖了個澡。我檢查了樹葉和樹枝，但沒發現刺蝟。我圍繞著花園邊界走了一圈，仔細查看了堆積的樹葉、樹木和樹樁，黑莓灌木叢和堆肥，一遍又一遍的尋找，依然一無所獲。那碗水和幼貓餅乾似乎沒被碰過。我搜尋任何可能是獾的痕跡；我懷疑的注視著草坪上大搖大擺走來的雉雞；我望向田野中的馬匹，想問問牠們是否知道些什麼，青檸樹上傳來翅膀拍打聲和烏鴉的合唱曲。

春天終於來了，在今年的第一個溫暖日子裡，伴隨著如銀色光芒般輕柔的西南風，那一天正好是我父親的葬禮。

父親留下的葬禮指示，比我起初想的要詳細得多。哥哥編排了一個葬禮儀式，包括演唱詩歌〈成為朝聖者〉（*To be a Pilgrim*），最後再以民謠〈追隨鷺鳥〉（*Follow the Heron*）作為結尾。在這首歌的旋律中，孫子們將抬出裝飾著百合花和紫杉的簡樸橡木棺槨。

哥哥遞給我一段父親寫的文字，描述粉腳雁在二月底返回冰島的景象。我要在西貝流士（Jean Sibelius）[2]的音樂《黃泉的天鵝》（*The Swan of Tuonela*）下，朗讀這段文字：

我開車前往蒂奇韋爾[3]，至少在那裡，我可以欣賞到一群美麗的金斑鴴。然而，當我停在停車場時，粉腳雁的叫聲已震耳欲聾。儘管我還沒有發現牠們，牠們的聲音就像電影配樂一樣響徹四周，距離如此之近。

已經有幾千隻粉腳雁聚集在海路和村莊間的田野上，我從未在這裡聽過如此令人興奮的喧囂。有時，牠們會聚集在教堂南側，當牠們準備好時，牠們會一起起飛，伴隨著巨大的振翅聲：兩萬隻以上的鳥，形成一個黑色的雲，飛向九英里遠的霍爾勘。

但是今晚，你可以看到這群鳥中的興奮、緊張和不安。每隔幾分鐘，就會有一隻鳥兒起飛；隨後，其他鳥兒也跟隨著飛翔，越過田野和蒂奇韋爾南邊的山丘，然後回到老田農場的草地上。牠們不是來休息或覓食，很快的，在幾個小時內，也許在黎明時分，牠們就會啟程前往冰島樂園，迎著太陽，最終消失在地平線上。

無論是什麼樣的本能驅使這些可愛的鳥兒升上天空，以強而有力的翅膀飛過北海、橫渡大西洋，飛向未知的田野，那一天牠們都被這股本能驅使到狂熱的地步。而我也能感受到這股狂熱。

葬禮朗讀的訣竅就是不斷練習，直到這些話語變得生硬，不再讓你哽咽。我哥曾是坎特伯雷大教堂的唱詩班成員，所以他擁有豐富的葬禮相關經驗和知識，他精通唱誦聖歌和譜寫頌歌。禮儀和音樂，會為死亡帶來一絲安慰。葬禮應像婚禮一樣受到重視，但準備工作卻常在幾週內匆忙完成，伴隨著深沉

2 譯按：芬蘭作曲家，為國民樂派、浪漫主義音樂晚期的重要代表。

3 譯按：Titchwell，諾福克北部海岸的一個村莊，以其自然保護區和豐富的鳥類活動而聞名。

的悲痛。然而，皇室和羅姆人都知道一場體面的告別多麼重要。

我們的天賜之人，正好是查爾克拉夫特牧師，他不僅是我父親的朋友，也是引路人，他在前一晚主持了守夜儀式，並坐在棺木旁，堅定的守著。

葬禮音樂的範圍和深度是如此廣泛和豐富，我哥精心挑選了要播放整晚的音樂，以及葬禮和火化儀式的曲目。在安放棺木的教堂附屬室裡，我們低頭默哀，四周點著蠟燭，我們聆聽著《德意志安魂曲》（*A German Requiem*）。

葬禮儀式結束後，冷冰冰的火葬場環境中，當棺木被帷幕遮蔽起來時，響起了舒伯特（Franz Schubert）的《鱒魚五重奏》（*Trout Quintet*），那輕快活潑的音樂聲，彷彿火與水的交融。

傍晚，待所有賓客離開，我的孫子比利走到家門口，凝視著草坪遠處的樹林和河流。他大聲說：「晚安，諾爾！」然後轉身走回屋內。

7

累了，我們一起投入自然

在初春的一個明媚清晨，我開車前往施洛普郡的小溫洛克，去見那位刺蝟女士。我開始欣賞起刺蝟的生活環境，「刺蝟擁護者村莊」位於施洛普郡山丘邊緣，擁有理想的環境。

「荒野充滿了自由。」正如浪漫主義詩人威廉·華茲渥斯（William Wordsworth）所寫，刺蝟喜歡靠近開闊空間旁的小地方。難怪刺蝟會觸動我們對村舍花園及遠方田野的熱愛。儘管刺蝟是很古老的物種，但並不影響牠們在人類心目中的親近感。

我從工業中心沿著M一和M六高速公路，來到一片高籬笆和柔和黃色石牆中（風景雖美，但不利於刺蝟逃脫）。我跟凱瑟琳·瓊斯（Kathryn Jones）約好在小溫洛克村的辦公處會面，但辦公處剛好有一場舞蹈班活動，現場負責人告訴我，他們正在拍攝，因此我們必須離開。

最後，我們找到了一個公車候車亭，當風呼嘯而過時，凱瑟琳向我展示了她在刺蝟相關工作上的成果：一篇一級榮譽學位的論文、學校教材、社區指南和刺蝟藝術品。

凱瑟琳今年二十四歲，從小就熱愛野生動物，大學時期專攻刺蝟，現在是一名正式的刺蝟專員。她有一雙灰藍色的眼睛、金色直髮和開朗的面容，說話時帶有她家鄉伍爾弗漢普頓的溫和口音，背著一個印有刺蝟圖案的後背包，背包上還掛著一個刺蝟玩具。

當凱瑟琳申請施洛普郡野生動植物信託基金的職位時，他們開玩笑的說，除了申請職位外，她還能為刺蝟貢獻的方式，就是打扮成刺蝟。如果把凱瑟琳切成兩半，你會發現她擁有一顆刺蝟的心。凱瑟琳的父親和哥哥在西密德蘭列車公司工作，姐姐則是一名刺青藝術家，但凱瑟琳從未懷疑自己想從事的職業，「我愛上了刺蝟。」她聳聳肩。

你可以看到凱瑟琳對小溫洛克的影響：村辦公處外的電線桿上綁著一個標誌，寫著：「當心刺蝟，請慢行，謝謝。」

小溫洛克的刺蝟女士，向居民發布了一個十點計畫：

1. 將你的花園延伸到周圍環境。
2. 保留一個野生區域。
3. 不要打擾冬眠刺蝟。
4. 除草前先檢查。
5. 設置一個木材堆。
6. 不要使用殺蟲劑。
7. 確保池塘周圍的安全性。
8. 綁好花園的網（我仍感到羞愧）。
9. 不要亂丟垃圾。
10. 記錄你的刺蝟。

對於凱瑟琳來說，這不僅僅是一份工作，更是一種使命。她試圖解釋哪些工作可以獲得報酬，以此維持生計，比如到小學教小孩如何用黏土做刺蝟，怎麼用苔蘚和樹枝建造小屋。大多數的孩童從未真正見過刺蝟，他們只是從長輩的描述中認識牠。

在新溫洛克巡邏時，凱瑟琳會統計路殺數量，「教堂巷是你能找到刺蝟的地方，但這裡的車輛行駛速度很快。」她說。不過，訪問住家通常更令人振奮，沿著寧靜整潔的小路，垃圾箱停放在車道的盡頭，上面寫著共同標語：「當心刺蝟，請慢行。」

我們駛進了一對退休夫婦的住家車道。在凱瑟琳眼中，他們是模範家庭。夫婦倆不在家，但他們留下了許多線索。透過客廳的窗戶，我看到一幅快完成的一千片貓頭鷹拼圖；在後院的花園棚裡，有一張製圖桌和水彩畫，描繪著波特筆下的角色、蘑菇和鳥類。這對夫婦遵循懷特「仔細觀察」的格言。

他們那約有半英畝大的花園堪稱典範。裡面有小徑和帶有斜坡的小池塘、蕨類植物區、菜圃、木材堆、野生區域，以及至少兩個冬眠小屋，小屋有拱形木製入口和石頭屋頂。

一旦你見過這樣一個對刺蝟友好的環境，你就會意識到，許多新開發項目的鋪設和磚砌是多麼了無生氣和冷漠。凱瑟琳說她將繼續巡邏和宣導，希望更多人能打開他們的心扉和花園，「我們的刺蝟數量從三千萬隻減少到不到一百萬隻，牠們消失的速度比老虎還快。」凱瑟琳一度感到沮喪：「我在盡力而為，但拯救刺蝟的重任將落在年輕人身上。」

兩天後，我在報紙上看到了一些好消息。我們可能正處於與俄羅斯戰爭的邊緣，但在《泰晤士報》第九頁中，作為北約象徵的刺蝟有望獲得新地位。政府計畫加強對英國野生動物的保護措施，文章配有一隻紅松鼠和刺蝟圖片。政府設定了一個目標，要在二〇三〇年前停止物種數量的減少。

文章指出：「自二〇〇〇年以來，英國鄉村的刺蝟數量已經少了一半以上。」我記下這個資訊，預計向英國廣播公司第四臺的統計節目《差不多》（*More or Less*）核實此數據的真實性，同時將這個消息傳達給凱瑟琳。她回覆：

「這真是個好消息。」為了慶祝這一消息，她傳給我夜間相機拍攝到兩隻刺蝟的交配畫面，以及一隻狐狸把鼻子湊向刺蝟又退後的場景。

與此同時，年輕人的刺蝟保護行動，實在令人印象深刻。我在網路上找到兩位十三歲的女學生，凱拉・巴布蒂斯和索菲・史密斯，她們發起運動，將自己所在的亞芬河畔史特拉福（Stratford-upon-Avon），變成一個友好刺蝟的城鎮。這對搭檔反對在樹木和灌木叢上安裝防護網，並向房屋開發商追責，該公司在見過她們後，便移除了防護網。這些在生物多樣性議題上的「格蕾塔・桑伯格」[1]，可以利用她們的社群媒體影響力來推動政策變革。如果地產商會在社群媒體影片的壓力下退讓，那麼，下一個必須改變的就是政府。

看不見，不代表不在

我也在驗證我的理論——那些照顧刺蝟的人們，往往天性善良並懂得享受生活中的快樂。

在見過凱瑟琳的幾週後，我找到了野生動植物信託基金在薩里郡的分公司，並連絡上當地的刺蝟保護倡導者伊麗莎白・福斯特（Elizabeth Foster）。她前一天晚上在里弗海德村禮堂舉行會議後，便趕回辦公室處理工作，她的工作範圍從薩里郡延伸到肯特郡。

我還記得當年在《七橡樹紀事報》（*Sevenoaks*）擔任地方記者時，曾去過那裡。我開著破舊的綠色貨車，去報導教區理事會會議、花卉展覽、五十週年結婚紀念，以及警察和消防部門的新聞。那裡不是什麼凶險的社區，雖然之前曾發生過一起駭人的謀殺案，把艦隊街的記者們吸引到了當地酒吧，他們帶著大筆的報銷帳單，還要求借用我的聯絡本。偶爾，M二〇高速公路上的大霧所引發的連環車禍也會成為新聞。除此之外，我的速記本上大多記錄關於建造溫

1 譯按：Greta Thunberg，瑞典氣候運動人士。

室的規畫申請。

我真希望能帶著我的筆記本參加莉齊[2]的會議，如此就能深入了解里弗海德及周邊地區刺蝟基礎設施的現狀。莉齊向我報告，會議上約有三十名觀眾，被視為「年長」的群體，其中約一半的人曾經發現過刺蝟，另一半的人雖然沒有見過，但還記得年輕時曾看過刺蝟。

在 Zoom 視訊會議上，莉齊表情生動，她舉起一個杯子，上面寫著「小心，狂熱的刺蝟女士」。她看起來並不瘋狂，只是顯得極其滿足。今年二十八歲的莉齊發現，身處於刺蝟及她另一個摯愛蝙蝠的世界中，讓她得以與世界和諧共處。莉齊對刺蝟從不感到厭倦，無論是發現、拯救，還是幫刺蝟秤重。她依然深信每隻刺蝟都充滿魅力，各有獨特之處。我們還有許多需要進一步了解刺蝟的地方，例如，莉齊說一位當地居民傳給她一段影片，那是一隻刺蝟在餵食站撞開另一隻刺蝟的畫面，「我從來沒見過這種行為。」她說。

莉齊如此好奇和友善，讓我情不自禁的向她傾訴我對佩姬的擔憂，牠重新回歸自然卻似乎失去了蹤影。我問她可能會發生什麼事情，「你看不見，並不代表牠們不在那裡。」莉齊說，從那之後，我不斷提醒自己要隨時擁有這種溫柔心態。

莉齊補充：「記住，刺蝟可以行走長達兩英里，所以有可能走到道路上。」我的心再次沉了下去。東安格利亞地區的刺蝟數量非常少，那裡有大片開闊的田野，樹籬更少，而且還使用農藥。

然而，在薩里郡，刺蝟保育的情況正在逐步改善。莉齊說，這裡的景觀變得更吸引人，有小農場、林地，以及受過教育的居民，他們了解每個花園都需要一個逃生孔，那裡的刺蝟數量正在變多。

莉齊已經贏得了許多年輕人和老年人的支持，但她依舊擔心青少年因科技而失去對戶外活動的興趣。當她與他們談到刺蝟時，他們通常會先聯想到「音

2 譯按：作者對伊麗莎白．福斯特的暱稱。

速小子」。

莉齊認為，在新冠疫情期間，年輕人的心理健康問題，可以從與大自然的互動中得到緩解。她租了一間農場小屋，那裡有堆積的木材、一個池塘和一個堆肥堆，提供她和刺蝟所需的一切，在新冠疫情期間，莉齊靠著觀察蝴蝶找到了慰藉，她強調呼吸新鮮空氣是如此重要。

春天即將來臨，黎明的鳥鳴合唱團成員更加豐富，一天的節奏也將更加明顯。我希望我的父親能看到這些櫻花和水仙花，但也許他仍然能感受到這片美麗的景色。**我看不見他，並不代表他不在那裡。**

柳林風聲

莉齊觀察到半鄉村地區的刺蝟情況比全鄉村地區要好，這一發現得到了英國刺蝟保護協會在二〇二二年發布的「英國刺蝟狀況報告」支持。鄉村地區的刺蝟數量仍在急劇下降，尤其是在英格蘭東部地區。然而，隨著刺蝟的保護運動，越來越多都市化地區的刺蝟數量正在穩定下來。

現在當我走在街上時，我會無意識中檢查起牆壁和柵欄中的逃生路徑，也在住宅建設商柏克萊集團的一場董事會上提出這個問題，希望引起關注，並討論如何在住宅建設中考慮刺蝟的生存空間需求。在這樣的一年中，我們需要一些令人振奮的消息來抵消負面情緒，也許我們已經找到了答案。

二〇二〇年，刺蝟被國際自然保護聯盟[3]列為瀕危物種紅色名錄，這顯示牠們在英國將要面臨滅絕的危機。然而，城市中的綠色空間可能會成為拯救刺蝟的解決方案。雖未有確切的數據，因為正如莉齊安慰我所說，人們很難發現刺蝟，二〇一八年，根據哺乳動物學會估計，英國的刺蝟數量約為八十七・九萬隻，儘管刺蝟在城市地區的情況有所改善，但牠們在城市的道路上更容易遭

3編按：IUCN，世界上規模最大、歷史最悠久、最具影響力的全球性非營利自然生態保護機構。

到車輛輾斃，每年約有一〇%至二〇%的刺蝟死於道路事故。

距離公民團體「刺蝟街」發起創建刺蝟社區和英國刺蝟地圖已經超過十年，「刺蝟街」透過以下數據來展示他們的進展：有十萬名刺蝟倡導者；超過一百萬份簽署呼籲政府要求新的住宅開發項目要包括刺蝟通道；創建了一．六萬條刺蝟通道，這些都顯示了英國民眾相當關注刺蝟，正如泰德．休斯所說：「我不知道為什麼我對刺蝟如此富有同情心。」

牛津郡的科特靈頓村，可以說是對刺蝟最有同情心的村莊。我在復活節前拜訪這座模範村莊時，印入眼簾的是一片水仙花和大雪紛飛的景象，「這裡沒有讓人討厭的大門。」克里斯．波爾斯（Chris Powles）說；他是金融投資者和肯亞保育人士，而在這裡，他被村裡的孩子們稱為「刺蝟人」。

科特靈頓靠近牛津大學，村裡住滿牧師和教授，村內有兩間酒吧、一間郵局，一所蓬勃發展的英國國教學校，一個村辦公處和一個組織有序的教區議會，由克里斯的妻子露絲（Ruth）擔任教區文書。以牛津郡灰黃色石材和石板為主的村莊中心，有一座池塘和教堂，翠綠色的前院草坪上開滿了玉蘭花。

當克里斯在教堂墓地建造刺蝟洞時，他詢問妻子，哪些建材比較適合，她建議使用風化橡木。恰巧，教堂旁有一根倒下的古老橡木標誌，克里斯用它作為刺蝟通道入口處的門框。現在，刺蝟可以從那塊寫有「教堂」字樣的木塊下，進入墓地。

克里斯的書桌上擺放著整齊的文件堆，文件內容與可再生能源投資有關，包括他在這裡和在尚比西河上的投資，而他的書架上擺滿了哺乳動物學會出版的書籍，兩臺筆電的螢幕保護程式，分別是他在肯亞埃爾貢山保護區的大象，和自家後花園裡刺蝟的照片。

一個木製工作檯面上，放著繪有刺蝟的卡片，這些卡片是科特靈頓的孩子們寄來的，還有一個杯子，上面有一隻刺蝟拿著一幅寫著「刺蝟需要幫助」的橫幅，其中一位卡片作者曾在英國廣播公司的《第一秀》（*The One Show*）上露面，談論科特靈頓社區項目，這只是一個小環節，緊隨著當天的重點嘉賓桃莉・巴頓（Dolly Parton）。然而，這位鄉村音樂歌手，似乎對科特靈頓的刺蝟計畫非常感興趣，使得科特靈頓這個小環節在節目中得以延伸，這讓節目製作人十分驚訝。

克里斯是一位在家工作的金融業者，戴著眼鏡，穿著羊毛衣和牛仔褲。他知道自己的快樂源自窗外美麗的花園；他為自己和鄰居打造刺蝟洞，這項手工藝對他來說，就像建造巨石陣或劈柴一樣；以及每當他入睡時，他知道無論是遠在肯亞叢林中的大象，還是近在他餵食站附近的刺蝟，都正要開始活動。

這個餵食站真是一項工程壯舉。它由磚塊搭建而成，頂部鋪著板岩，設有兩個進出口。高度設計得很低，貓和狐狸無法進入，且內部通道的磚塊形成銳利的右角，進一步增加了阻礙。我不禁想起，我為佩姬留下的碗和幼貓餅乾，被附近的貓享用的情景。有時候，即使你做了最大努力，結果仍不盡如人意。

科特靈頓的刺蝟人因其創造力而獲得了獎勵，克里斯向我展示了他筆電上前一晚的夜間攝影片段：一隻嬌小的雌性刺蝟進入了餵食站，輕盈的用長腿滑過轉角，沿著走廊到達食物和水的碗邊，幾分鐘後，一隻魁梧的雄性刺蝟擠過來，伸長身體以通過拐角處。再多吃幾餐，他可能就會卡住了。

克里斯最著名的建設，便是為柔伊和彼得・凱特夫婦（Zoe and Peter Kyte）建造的，這對夫婦擁有一間優雅的白色房屋，石板屋頂，還有一個美麗的非正規花園，通往一個池塘。對刺蝟來說，牠們只有一個障礙——與鄰牆的高度不一致，但克里斯製作了一個高架刺蝟通道和一條陡峭的斜坡，成功解決這個問題。

柔伊是一名律師，身材苗條，有著少女氣質，但需要依靠輪椅行動。她表示自己很了解斜坡，而這個斜坡確實令人印象深刻。克里斯的哥哥——野生動物攝影師斯蒂芬（Stephen）拍攝了一張刺蝟首次沿斜坡走下來的照片，這張照片在社群媒體間爆紅，村莊因此變得有名起來。

克里斯對於刺蝟的熱愛，始於約六年前，這是他野生動物旅程《柳林風聲》（*The Wind in the Willows*）[4]的最終章。這段旅程始於他在肯亞的童年，克里斯的祖父是一名農民，過去曾射殺大象，後來則成為一名保育主義者。他熱愛的是埃爾貢山國家公園[5]大岩洞中的大象。

克里斯的父親曾在東非從事報業。一九六九年，當英國人撤離東非並出售白人農場後，克里斯一家搬到了倫敦郊區。不久後，他的父親去世，是祖父教導他如何欣賞、觀察鳥類，告訴他英國的鳥類可以和色彩鮮豔的非洲鳥類一樣迷人。

克里斯向我展示一幅飛翔中的鳥類肖像，極具動態感而充滿魅力，以至於在仔細觀察後，我驚訝於牠只是一隻知更鳥……「只是？」克里斯皺著眉頭。

克里斯對我失望的同時，我也想到父親難過的反應。自從父親去世後，我逐漸領悟到，**所愛之人並不會因他們的離世而消逝。**

這段時間裡，當母親發現自己想要將訊息傳達給我爸，卻意識到他已經不在時，心情總是不斷受到打擊。正如菲利普・拉金在他那首關於刺蝟被割草機殺死的詩中寫道：「第二天早上，我起床了，牠沒有。死亡降臨後的頭幾天，缺席的感覺總是一樣的……。」

我繼續在腦海中與父親進行單方面對話：看看你給我買的酸蘋果樹上開滿了花；這是我們在諾福克建的池塘中出現的第一批蛙卵。我們之間的對話不僅僅是表達贊同，還應包括對一些事情的不贊同，我未能正確讚賞知更鳥，他一定和克里斯一樣感到失望。

我父親跟克里斯一樣，曾在東非生活了幾年，但他從未輕視英國鳥類更為樸實的魅力，他總能辨認出那些小棕色鳥類的不同之處。如果父親還在世，我一定會把那篇刊登在《每日電訊報》（*The Daily Telegraph*）上的文章傳給他，那篇的標題是：「科學家證實英國鳥類很乏味，引發爭議」。

4 譯按：英國經典兒童文學，故事主角為鼴鼠、河鼠、蟾蜍和獾，內容講述他們的河畔歷險記。

5 編按：位於烏干達和肯亞的國家公園。

疫情期間的刺蝟之謎

雪菲爾大學（The University of Sheffield）在二〇二二年四月發表的一項研究報告顯示，英國鳥類的色彩鮮艷程度，幾乎比熱帶地區鳥類少了三分之一。雨林和其他生物多樣性豐富的環境中，有更多食物來源，這促使鳥類對自己的外表更為驕傲，而在溫度較冷的環境中，苦苦求存的英國鳥類沒有心思擔心這些花俏事物，牠們更像是自給自足的農民，而不是宮廷裡的侍臣。

我們必須欣賞本地物種的外觀和特質中的微妙之處，並對牠們的遷徙感到興奮。我從父親那裡學到，一隻出現在錯誤地點的鳥類，本身就是一個值得關注的新聞，我們更應細心觀察，並欣賞眼前的事物。

但我來見克里斯的主要原因，是因為他是科特靈頓的刺蝟偵探，他曾撰寫一篇關於刺蝟世界中，一篇重要未解之謎的論文：在封鎖期間，科特靈頓的刺蝟究竟發生什麼事？這份報告有一個令人無法抗拒的標題：「科特靈頓社區與疫情封鎖期間的刺蝟之謎」。

科特靈頓位於牛津郡中部，擁有約四百六十處房產和一千名刺蝟愛好者，他們是科特靈頓野生動物與保育協會的成員，以下是科特靈頓野生動物與保育協會克里斯的報告：

二〇二〇年五月，科特靈頓地區的刺蝟幾乎完全消失。

五月五日：三號住戶傳送電子郵件給作者，表達擔憂，指出刺蝟已有約兩週時間沒有造訪他們家了。

五月六日：四號住戶傳送電子郵件給作者，指出他們「一週前」在花園裡找到一隻死亡的刺蝟，他們的相機陷阱[6]還捕捉到一隻獾來吃本來為刺蝟準備的食物。

6 編按：指使用動作傳感器、紅外探測器等作為觸發機關的遙控相機。

五月十五日：一號住戶在其相機陷阱上記錄了首次沒有刺蝟出現的夜晚。

五月十五日：二號住戶報告，從可能有四隻以上的刺蝟活動量，減少到只剩下兩隻。

五月十九日：五號住戶記錄到最後一個有刺蝟出現的夜晚。

六月一日：二號住戶報告，刺蝟數量從兩隻減少到只剩下一隻。

六月六日：二號住戶記錄到最後一個有刺蝟出現的夜晚。

可能的原因包括：

1.忙於育嬰？

2.口渴、飢餓——乾燥氣候可能導致蚯蚓減少，影響刺蝟的食物供應。

3.疾病：目前未知有任何疾病。

4.被除蛞蝓藥毒死？

5.人類行為的改變？人們開始頻繁使用花園，晚上在外逗留。

6.狐狸出沒？雖然沒有發現遺骸。
7.獾：牠們有出現而且是主要嫌疑人。
8.異常的天氣。
9.疫情封鎖導致道路上的動物屍體減少，這可能迫使食腐動物轉向花園尋找食物。
10.獾！相機陷阱多次捕捉到獾的蹤跡。

線索：刺蝟的遺骸。四號住戶提到「皮膚和刺的殘骸」，這是獾吃刺蝟時會留下的東西。獾用強大的爪子撕開蜷縮的刺蝟，使其背部靠向地面，然後從底部開始吃掉。

南安普敦大學（University of Southampton）生物科學院生態學教授帕特里克・唐卡斯特在一九九二年研究了科特靈頓公園的刺蝟。他指出，刺蝟偏好修剪整齊的草坪和運動場的草地，他的研究顯示，刺蝟的分布與獾的成反比，他的兩個研究對象中，一隻被獾捕食，另一隻被狗捕食。

許多人（包括作者在內）對刺蝟充滿感情，村裡許多人為了推廣刺蝟而付出大量努力，因此村裡刺蝟群突然近乎全面消失，實在令人極度心痛。然而，重要的是不要草率下結論，要仔細檢視已有的證據，並記住「大自然就是如此」。在作者看來，有限的證據確實指向獾可能是問題來源。

「是獾做的嗎？」我問克里斯。他的回答比他原來的論文更加有所保留，「獾確實吃掉了一隻刺蝟，我本來預期會找到更多的皮膚和刺，而且村裡應該也會有更多關於獾的目擊報告。」刺蝟從科特靈頓消失的那一年，將成為教區歷史的一部分。

史蒂芬妮是野生動物保育者，帶我在村裡四處參觀。她站在獾這一邊，認為牠們受到了不公正的批評，她對農民主導的獾捕殺行動感到憤慨，因為他們認為獾可能攜帶結核病；鄉村管理充滿了各種利益衝突，例如，當我使用被批准的物種測量標準，像是路殺數據，來推測東安格利亞地區的野生雉雞和獾的數量遠多於刺蝟時，克里斯立即提出了因果關係的推斷，身為大象獵人的後代，他本人並不反對射殺野雉，但他擔心為了射殺而飼養野雉，會對刺蝟產生不好的影響，因為野雉過多，會導致昆蟲分配不足。

後來克里斯帶我參觀他的正規及非正規花園，並停在一些標本刺蝟糞便旁。這是一個獨特的研究領域，就像我之前從諾福克的艾瑪刺蝟醫院學到的一樣。對克里斯來說，最能帶給他靈感的，是那些閃耀著甲蟲殼的小球。

他用棍子挑起一些刺蝟糞便，欣賞的聞了聞，然後邀請我也試試。我們突然間變得非常關注氣味。我告訴他，這不像狐狸的糞便，它散發出新鮮草地的氣味。據說，只有水獺的糞便可以超越它，那氣味像伯爵茶和茉莉花一樣。

我們身處牛津郡的一個小村莊，此刻陽光和雪花交織。我們正就糞便的氣味進行一場討論，我感到無比幸福。史蒂芬妮說，自然野生動物愛好者所展現的雄辯，反映了科特靈頓這個地方的特質。在教堂墓地裡，有休．米萊（Hugh

Geoffrey Millais）[7]的墓碑，上面寫著：「他天生具有令人歡笑的天賦，並能察覺到世界的瘋狂。」

7編按：二十世紀的英國作家、冒險家和演員。

8

面對失去

正如艾瑪所言，刺蝟身上有一種神奇的特質，就像獨角獸一般。

我有一位朋友是電視臺高層，他曾經看到廚房外有動靜，以為是老鼠，便扔了一塊石頭，結果誤殺了一隻刺蝟，他因此感到一陣恐懼，彷彿自己被詛咒般不安。這些既平和又神祕的刺蝟，讓我們反思自己的土地；我們可以研究和保護刺蝟，但無法真正擁有牠們，牠們會越過山丘，走向遠方。

我的朋友珍從小愛好自然，她也把這份熱情傳承給她的小兒子菲利克斯。自從他們搬到牛津北部後，菲利克斯就開始在花園裡安裝相機。每天早晨，他一起床就會跑到花園取回記憶卡。在學校裡，他和同學們一起製作黏土刺蝟，而珍的家則成為了生病刺蝟的中繼站，她和菲利克斯會把這些刺蝟送往當地的刺蝟醫院。

跟碧雅翠絲一樣，珍一家從倫敦搬到了鄉村，菲利克斯對鄉村的黃昏情有獨鍾，他常常手持手電筒在灌木叢中照射，希望能找到刺蝟。幸運的是，牠真的出現了。珍說，菲利克斯對觀察自然世界很有天賦，在港口綠地時，他總是能比其他人還快發現鹿，菲利克斯還特別喜愛兔子。

二〇一四年夏天，年僅十四歲的菲利克斯與好朋友一起前往法國度假，卻再也沒有回來，他因一種罕見的腦膜炎病逝。珍在與菲利克斯進行最後一次通話時，他的聲音聽起來困惑又模糊，表達了想回家的渴望。珍為此心碎不已。

珍與她的丈夫賈斯汀，和他們的大兒子丹，將菲利克斯埋葬在牛津的伍德伊頓，她喜歡幻想那裡有兔子在嬉戲。

她沒有宗教信仰，但她明白大自然本身就是一種信仰。那是一個令人難忘的炎熱夏天，在菲利克斯去世後那段無盡黑暗的日子裡，她常躺在菲利克斯的床上，茫然的望著敞開的窗戶。

她說：「我躺在床上，突然發現手臂上停了一隻蝴蝶，這太奇怪了，因為接下來的幾個星期裡，蝴蝶不斷出現。我總是在他的房間裡看見牠。」有一天，珍和她的丈夫一起去查看菲利克斯將被安葬的墓地，當他們離開時，她看到一隻蝴蝶正停在那上面。

帶走悲傷的道路

珍傳了一張照片給我，是菲利克斯去世後不久在花園裡拍的。照片上寫著「二〇一四年八月二十三日——菲利克斯去世後一個多月」。一隻蝴蝶依偎在她的手臂上。她說：「蝴蝶從來沒有停在我身上，我覺得這是一個徵兆。我從來不是個迷信的人，但只有這件事我非常確信。」

接著刺蝟出現了，在一個悶熱的夏日下午，她和丈夫以及他的繼兄坐在廚房陰涼處，他指著窗外的草坪中間說那裡有一隻鼴鼠。當珍去看時，她發現那是一隻刺蝟，在烈日下搖搖晃晃，顯得很茫然。珍把牠送到了刺蝟醫院，就像以前和菲利克斯一起做的那樣，她再次把這看作是一個提示，「這是我和菲利克斯一起做過的事，我開始思考自己能為刺蝟做些什麼？」

對珍來說，大自然讓她與兒子保持緊密聯繫，同時也帶她走過悲傷的道路，「失去親人後，人往往會變得孤僻，而刺蝟給了我一個與人交談的理由，牠幫助我和鄰居們建立連結，而這也是菲利克斯的朋友們喜歡參與的事。」

我想起了斯圖爾特的一句話：「在社群媒體上，沒有人會因為討論刺蝟而與你爭吵。」珍發現，允許刺蝟自由穿行的橋梁和敞開的門不僅僅是字面上的意義，更是一種比喻。她向休．沃里克尋求建議，他告訴她需要一個面積相當於兩個高爾夫球場大小的區域，來進行一些有意義的工作。於是，她查閱了谷歌地圖，畫出了一個邊界，範圍包括兩所牛津學院和查韋爾河的河岸。

之後，珍購買了一臺巨型電鑽，開始對付牛津大學花園厚重的磚牆，並著手在城市區域建立刺蝟高架通道。在與鄰居交流的過程中，她發現無論是年輕人還是年長者，他們都喜歡保護和享受自然世界，並沉浸其中。

她意識到，幫助刺蝟，同時也是在幫助其他所有生物，「刺蝟是環境變化的指標：無論你為刺蝟做了什麼，例如在花園裡保留一塊野生區域，都將幫到所有野生動物。透過關心刺蝟，你可以對整個自然界做出貢獻。」

除了關懷大自然，菲利克斯對處於困境或遭受不幸的人，也充滿了同情和關懷。因此，珍和丈夫賈斯汀一起成立了菲利克斯食物計畫，他們從商店和餐廳收集剩餘食物，然後使用印有菲利克斯標誌的鮮綠色貨車，將食物送到食物銀行和收容所。

我能回顧我父親一生的完整經歷，但珍不知道如果菲利克斯活到成年，他會做些什麼，不過她認為，他肯定會投入在自然保育與幫助他人。

在菲利克斯逝世週年紀念日那天，珍正開車前往多塞特郡，她和賈斯汀一直在進行一個野化項目。突然，前方的車子無故停了下來。她緊急踩下剎車，探出車窗向外望去，「我發現那輛車停下是為了讓一隻刺蝟過馬路。隔天我便在我們多塞特的圍牆花園裡找到一隻刺蝟，這讓我覺得，每次遇到的刺蝟都像是菲利克斯在以某種方式與我溝通。」我小心翼翼的詢問她這是否等同於信仰，珍猶豫了一下。我能理解，一位失去孩子的母親，可能會質疑上帝的仁慈。

「菲利克斯出生在耶穌受難日，這讓人感覺有些奇怪，彷彿這個出生日影響了他的命運。」因此，雖然珍不相信教會意義上的上帝，她依然感受到某種靈性的層面，而菲利克斯就存在於這個層面中。

她的大兒子丹，在菲利克斯去世後的復活節期間走完了克里特島，他在牛津大學曾經研究過希臘的哀歌，他對悲傷和來世的思考，已成為一本關於失去的回憶錄。

對於珍來說，靈性就在自然界之中，「如果我們不關心失去刺蝟，我們就失去了我們的道德指南針。我內心有一種道德感，一種本能的呼喚，如果我能做些什麼，就應該去做。」她舉幫助他人為例，「節約食物和保護環境是一種精神行為，感恩食物並循環使用，似乎帶有宗教信仰的意味。」如同我哥在父親去世前，寫給他的信中所說：「前進吧！基督徒的靈魂！」

在C.S. 路易斯（C.S. Lewis）探討悲傷與信仰的作品中，他描述了妻子去世後的心境：「在我與世界之間，彷彿有一張隱形的毯子。」對上帝的看法，他感覺就像窗內沒有燈光，他問：「你為何離棄我？」

在面對喪親者時，我們通常會說「我很遺憾你失去了他」。然而，當死亡來得過早且毫無預警時，「失去」這個詞則顯得太過狹隘，無法真實描述深刻的痛苦與悲傷。

原來世界如此美麗

二〇一九年七月，班和凱特的十五歲女兒艾麗絲，在越野車事故中不幸離世。班寫了一本書，描述了他在悲傷中的旅程，以及這段經歷如何為他打開了對信仰的新視野。

班出身於一個土地環保主義者的家庭，如果你瀏覽他的ＩＧ頁面，你可能會用「幸運」來形容他的生活。他和搖滾樂手米克・傑格（Mick Jagger）一起觀看板球賽、在加勒比海的沙灘上欣賞日落，或是待在他位於薩默塞特郡的

1編按：英國作家，著有《納尼亞傳奇》。

農場的營火旁。班的第二任妻子潔米瑪美麗動人，他們的孩子可愛迷人，他的生活看似一切順利美滿。

然而，在艾麗絲去世之後，「隱形的毯子」將他與世界隔離開來。和珍一樣，大自然如同他的嚮導。

班在倫敦的家位於巴恩斯，此處有令人欽佩的茂密樹木，和完善的刺蝟基礎設施。班記得他與女兒一起穿過聖瑪麗小教堂旁的翠綠墓地，卻從未想過一個月後他會在那裡埋葬她。

女兒去世後，班隱居在薩默塞特郡的農場，不知道自己該如何繼續生活，他談到：「在艾麗絲去世後沒多久，我發現自己時常恍惚。我不知道你是否經歷過深刻創傷，但那是一種恐懼，它時而加劇，時而減弱，但從未消失。你將漸漸學會一些應對它的技巧。

「在悲劇發生後初期，我發現自己就像受到了極度驚嚇一樣，漫無目的的走到我在薩默塞特的家的池塘邊——我脫下衣服，跳入水中，我記得自己游得很深，身體縮成一團，然後又浮出水面，在陽光下眨著眼睛。我周圍有蜻蜓在水面上空盤旋，蝴蝶、燕子和毛腳燕掠過水面飲水，陽光穿透雲層直射，那是一個美麗的時刻，我當時便想原來世界如此美麗，直到現在，我從未忘記這個感覺。」

「它是否美麗的令人痛苦？」我好奇的問。

班以柔和、不急不徐的語氣回答：「在那一刻，我感受到世界比以往任何時候都更加動人。我體會到被擁抱、被攙扶的感覺。在你最需要的時刻，上帝就在你身邊。」

珍感受到蝴蝶是菲利克斯的信使，對班來說，艾麗絲的信使則是晴天時的彩虹。有時，當他與孩子們談論艾麗絲時，天空便會出現彩虹，而在艾麗絲去世後的幾天裡，還有鳥兒飛進屋，「有很多鳥兒飛進屋子裡。這不正常，我不記得之前有發生過這種情況，但這次在一星期內發生了約八次；有毛腳燕，有鴿子，這些鳥兒非常溫馴，我對這一切抱持開放態度。」

與此同時，艾麗絲的許多寵物，包括兔子、天竺鼠和一隻幼貓，突然間在躺下來後就離世了，「我很高興，我覺得牠們去找她了。」艾麗絲的小馬倖存下來，班有時會撫摸牠的鼻子，輕聲問：「她來看過你了嗎？」

在艾麗絲去世之前，班認為大自然與信仰完全不同。然而，在此之後，他開始此保持開放心態，班訪問了靈媒、修士、拉比和教區牧師，並且使用了迷幻藥物死藤水（ayahuasca）。

但最終是自然給了班目標和慰藉。班給我看艾麗絲傳給他的一段早期ＩＧ影片。影片中是她十三歲時的聲音，充滿青春活力、戶外探險的興奮，並開懷大笑著。她正在拍攝田野遠端椋鳥群飛的景象。她的聲音飄蕩在風中：「看！牠們在上升！多麼巨大！我就在牠們旁邊！」

神學家帕斯卡（Blaise Pascal）在《思想錄》（*Pensées*）中提到，信仰者總是試圖透過自然現象來證明上帝的存在……「然而，值得注意的是，宗教文獻中的作者從未使用大自然來證明上帝的存在。」

答案似乎總與自然有關

班的哥哥是環境副大臣柴克．高史密斯（Zac Goldsmith）。四月那一週，當俄羅斯對烏克蘭東部發動新的攻擊，而首相因唐寧街派對問題面臨國會調查時，我在與他的通話中提出了我的主張。

柴克敏銳的察覺到，隨著能源成本飆升，紅牆[2]可能會對強烈推動環保議程的環保狂熱者表達不滿和反對；至於刺蝟，柴克認為牠們是真正的調解者，知名作家兼刺蝟愛好者湯姆．荷蘭（Tom Holland），最近對那些害羞的綠色保守派提出建議，他指出，碳排放目標很難引起大眾的情感共鳴，如果政府將目標設定在保護刺蝟，整個國家將會團結起來。柴克補充：「左派右派之間不會有分歧，因為每個人都關心刺蝟。」

2 譯按：Red Wall，英國政治術語，指英國北部和中部地區傳統上支持工黨的選區。

我向柴克提出了威廉斯的想法，認為刺蝟或許可以像《納尼亞傳奇》中的獅子亞斯藍一樣，成為一種象徵。在一個健康和平的國家，刺蝟的出現代表春天回歸，而牠作為北約的象徵，難道不也正適合象徵英國嗎？「我喜歡這個想法。」柴克說。

儘管生活中的危機接踵而至，人們卻正沐浴在四月的陽光，自由的聚集於公園中，或者在林地和河邊散步。野櫻和山楂在黑刺李之後綻放。我花園裡那對酸蘋果樹，是父親送給我的禮物，現在它們看起來像是他那白髮蒼蒼的頭枕在枕頭上——我從未見過如此潔白如雪的花朵。

刺蝟象徵希望。柴克表示我們應該保護牠們，「這並不需要太多努力。」他注意到，在倫敦巴恩斯地區的兩位居民，打造了刺蝟超級通道後，當地的刺蝟數量急劇增加，看來建設刺蝟通道和保護棲息地是解決之道。

「如果你把每一寸草坪修剪得精光，並噴灑化學藥品，你就不會有刺蝟了。」刺蝟需要樹籬，因為樹籬中會有許多昆蟲。當政府匆忙推出計畫以安撫其後座議員時，一個類似《柳林風聲》的方案，則以不同速度進行著：一個長達一千公里的河流復甦計畫。

透過研究英格蘭的水系網絡，你可以了解英格蘭的自然狀況，一個由多方利益組成的龐大聯盟已經聯合起來，包括英格蘭自然署、河狸信託、白堊溪流愛好者、水獺、褐鱒和水鼩、翠鳥和蜉蝣的愛好者。我想到《柳林風聲》中的鼴鼠：「他陶醉於水的閃爍、漣漪、氣味和聲音，陽光下，他把一隻爪子放進水裡，隨著水流輕輕撥動，做著長長的清醒夢。」

柴克問：「誰不喜歡沿著水邊散步，而去選擇在荒涼沙漠中獨行？」我回想起自然歷史博物館的史蒂芬妮所說的話。我們是否將注意力轉向非洲野生動物保護區的異國風情，而忽略了我們眼前的生物呢？

柴克悲傷的說：「我們幾十年來都認為這是理所當然的，眼不見心不煩。現今有多少年輕人見過野生刺蝟？但我小時候經常見到牠們，還餵牠們吃東西。如果孩子們能在花園裡或任何一片綠地上看到一隻刺蝟，那會是多麼令人興奮的事！如今，我們已經讓這個國家變成了一個沒有自然的地方。」柴克告訴我，他有一位來自哥倫比亞的同事，參觀了伊莎貝拉・崔禮（Isabella Tree）著手的再生農場項目——克內普野地。這位哥倫比亞同事曾在亞馬遜雨林生活，他告訴她，克內普就像是我們的亞馬遜雨林，「這張地圖上的小點，這片多樣性的綠洲。」

柴克必須返回議會處理事務，但在離開之前，他說：「我知道我是一個狂熱者，但在我看來，無論問題是什麼，答案似乎總與自然有關。」

9

冬季結束，我們將繼續前行

春天穿上了華麗禮服，樹枝上的鳥兒高唱著哈利路亞，早期的雨燕已經回來並開始繁殖。漫長的冬季終於結束，花園沐浴在四月明亮的光線中，我也察覺到，我正在放下對父親的思念。

父親在二月末的昏暗中去世，睡前禱伴隨著他長眠安息：「全能的主，賜給我們一個寧靜的夜晚和一個完美的結局。」我們天真的孫子比利，在葬禮後的聚會上站在門廊下，朝著草坪遠方的地平線大聲喊：「晚安，諾爾！」他這句話有著雙重含意。

當我問父親，冬季時感覺如何，他回我：「你知道的，感覺昏昏欲睡、無所作為。我覺得自己沒什麼用處。」

我告訴他，我更願意將之看作是積蓄力量、保存能量，一種冬眠的過程。我充滿希望，我父親則保持信念。

我父親會像肯尼斯．葛拉罕（Kenneth Grahame）[1]看待人類進步一樣看待

1譯按：英國作家，以其經典兒童文學《柳林風聲》聞名。

春天：「一個新世界正在誕生……我們不能為舊世界感到悲傷，因為新世界如此美好。」

半夢半醒的星球

冬眠是一種自願的昏迷狀態，這對我來說是一個謎團，但幸運的是，金剛好提到他在牛津大學一個學院活動上與一位賓客的談話。弗拉迪斯拉夫・維亞佐夫斯基（Vladyslav Vyazovskiy）博士在牛津大學擔任生理學、解剖學和遺傳學系的副教授，他在活動中以烏克蘭語說了感恩詞。

弗拉迪斯拉夫曾撰寫一篇關於睡眠的論文，其中提醒我們，我們生命中的三分之一都在睡眠中度過，他描述睡眠是一種異常狀態：「當我們入睡時，我們也在某種意義上離開了，從外界的角度來看，我們也停止存在於世。」而我們與自然界共享這種狀態，「我們生活在一個半夢半醒的星球上。」

幾天後，我和弗拉迪斯拉夫在 Zoom 視訊會議上交流。他有著一頭碗狀的棕色光澤頭髮，帶著充滿好奇的微笑。

我們討論了西伯利亞鼠的冬眠，以及人類登陸火星可能帶來的影響，還探討了存在、意識與死亡之間的哲學差異。

我再次想到晚禱和死亡的過程。回想我父親的情況，他在生命的最後，是否有意識到自己正在死去？還是對此毫不知情？弗拉迪斯拉夫建議我去閱讀埃文・湯普森（Evan Thompson）[2]的書《清醒、睡夢與存在》（*Waking, Dreaming, Being*）以及威斯康辛大學麥迪遜分校健康心智中心的研究。

這本書探討藏傳佛教中關於死後冥想的觀念。醫學科學區分了生與死，但當某些身體功能可以透過人工手段維持時，情況將變得更加複雜。以我父親為例，醫生曾說他的心臟只是因為藥物作用才繼續運作，那麼依賴呼吸器的人

2 譯按：英屬哥倫比亞大學哲學系教授。

呢?我們承認的生命徵象包括心跳、呼吸和腦部活動。

在一些宗教中,生死的界限模糊,湯普森寫道,死亡可能並不是「在某個單一時間點發生的事」。藏傳佛教徒相信,人在死亡過程中,可以進入一種稱為「Tukdam」的狀態。根據威斯康辛大學麥迪遜分校的研究:「據說所有人都有這個機會進入此狀態,因為這是在死亡過程中自然產生的,但也有人認爲只有高級冥想者有能力理解和利用這種經驗實現。」

作者參加了一場由佛學導師喬安・荷里法斯(Joan Halifax)主持,有關死亡體驗的冥想會議。她說,入睡的過程與死亡時非常相似,你對世界的掌握正在逐漸減弱,她解釋:「當你的身體消逝時,外部世界也隨之消逝……這是物質解體的過程。」

「在身體死亡時刻,喬安・荷里法斯將其描述為像蠟燭一樣的火焰。突然間,它熄滅了,而你的意識也隨之消失。」湯普森寫道。

大自然，是我唯一能找到你的地方

我想起哥哥在教堂為父親準備的守夜。黑暗中，蠟燭環繞著父親的棺木，閃爍的燭光在未知的環境中帶來一種舒適的陪伴感。

喬安接著引導作者進入下一個階段，「一片深黑的天空，沒有星星或月亮。在一片虛無中，光輝出現。你與晨曦的天空合而為一，沒有日光、月光或黑暗的干擾。你就是福祉與清晰。」湯普森寫下。

這種光輝狀態延續了一種超越死亡的意識，對於那些靈魂已經解脫的人來說，身體的自然分解過程可以被延遲數週。

有人說，接近死亡的人，精神往往變得更加清晰和平靜，我們通常稱這種現象為「緩解」，但這也許暗示著一種靈性啟發。我父親的朋友查爾克拉夫特牧師在父親逝世那天的下午來訪，他在離去前向我母親說，他發覺父親比以往更加清醒。這預示著什麼？

我最希望與之談論這些事情的人，那天晚上離世了。當我第二天早上看到父親，撫摸他冰冷的額頭，握著他尚未僵硬的手時，他已經離世了。但這是一個過程還是一個瞬間？自我或意識是一個持續的過程嗎？

每當父親出現在我手機的照片回憶中，我都會非常想念他。我對父親的記憶能否與他死後的意識連結？他現在在哪裡？

我猜想他可能在自然界，那裡是我可以找到他的地方。我現在可以理解父親為什麼希望被火化而不是埋葬。

在地球虛構的角落吹響你的號角，天使們，復甦吧，復甦吧，
從死亡中，我們無數的靈魂，
回到你們分散的身體中去吧……。

——約翰·多恩，《神聖十四行詩》第七首

佛教認為死亡是一種過程，而非單一死亡的觀念，弗拉迪斯拉夫對此保持開放態度，但他有著不同的科學使命。他希望研究冬眠，或者如他所稱的「不活躍狀態」——這是一種為了生存而進行的極端節約能量的方式。因為如果人類要到達火星，就必須學會如何進入這種「關機」狀態。

弗拉迪斯拉夫在計算時皺起眉頭：「到火星需要多久？七百天。最短要四百五十天，最長可能超過一千天。」冬眠意味著不用飲水進食、排便，更不需要呼吸氧氣。此狀態降低了身體的代謝率，有助於降低宇宙輻射對人體的影響，人們將會處於更好的狀態。

第五十七屆國際太空大會探討了這一問題，並得出結論：

在星際任務中，到達最終目標的漫長旅程，人類幾乎不需要活動，因此，這段期間內，可以減少船上資源的消耗，並讓船員在某種程度上「入睡」。這種現象可以在許多溫血動物中觀察到，當這些動物在面對活動減少和食物短缺的時期(如冬季)時,會利用冬眠降低能量消耗。雖然變溫動物如魚類或昆蟲,會不斷調節體溫以適應環境,但恆溫動物如哺乳類則必須主動降低代謝。

如果人類能進入一種低新陳代謝狀態,所需的能量和食物將更少,產生的廢物、所占用的空間、可能面對的情感壓力也會相對降低,因為他們不用有意識的面對孤立情況。此外,這種狀態下,身體性能退化幅度,可能會比長時間不活動的情況要輕微得多。而肺通氣量、心率、腎功能過濾和中樞神經系統活動減弱,有機會降低有機體對微重力狀態下的不良影響,而輻射效應預計不變。雖然使用低代謝狀態似乎多益處,但仍然有困難需要理解及克服,其中一個便是如何人工誘導人類進入這種狀態。

這確實是一個棘手的問題,正如弗拉迪斯拉夫所說,他提醒歐洲太空局的同事們,從冬眠中醒來,可能比進入冬眠更危險,僅僅是心率變化,就可能引發強烈的休克反應。

金髮刺蝟的傳說

弗拉迪斯拉夫希望他的西伯利亞小鼠能提供一些答案。誘發冬眠的主要因素實際上不是寒冷，而是黑暗，溫度只是次要因素。

在西伯利亞，夏天非常炎熱，冬天非常寒冷。他將實驗室從十六小時的長日照，切換到八小時的短日照來測試這些小鼠的反應。弗拉迪斯拉夫正在觀察代謝率變化的觸發點，他知道小鼠的體溫會下降，但關鍵在於節省能量。

冬眠並不等同於睡眠，但睡眠是進入冬眠的道路。哺乳類利用睡眠進入冬眠狀態，而從冬眠中醒來時，會先經歷更深層次的睡眠，弗拉迪斯拉夫對此睡眠模式深感興趣。

一項對歐洲椋鳥的研究發現，這些鳥在冬天，會比在夏天多睡五個小時，就像我們一樣，鳥類也受到光汙染的影響，蝙蝠幾乎是持續睡覺。我對此感到擔憂，因為我們在諾福克村的教區議會提議，在我家花園旁的足球場安裝高功率的泛光燈，我想到了貓頭鷹、蝙蝠、池塘裡的生物，還有佩姬，不管牠現在在哪裡。

一位鄰居來安慰我，他在患上腦腫瘤後搬到了這個村莊，他說自然的晝夜節奏是鄉村生活的一大安慰，他問：「我們什麼時候還能看到星星？」

回到西伯利亞小鼠身上，弗拉迪斯拉夫說，當這些小鼠暴露在更長時間的黑暗中時，牠們會從睡眠過渡到一種類似昏迷的深度失去意識的狀態。此時，小鼠的心率會從每秒五到七次，下降到每秒一次，幾乎沒有腦活動，神經元活躍度顯著減少，像是打了麻醉針。

問題來了，這種狀態是否能對外界做出反應。比如，如果森林中發生火災，冬眠中的生物是否能察覺到？這涉及意識與無意識、睡眠與清醒、生者與死者之間的界限。

弗拉迪斯拉夫在視訊會議結束後，傳了一封電子郵件給我，信中附上了有關太空任務和心臟停搏後，腦功能的神經科學研究的學術連結，他在結尾寫道：「祝你的刺蝟項目順利！」

一想到下一階段的刺蝟計畫，心情有所振奮起來。我準備前往奧爾德尼（Alderney）[3]，去尋找大名鼎鼎的金髮刺蝟。奧爾德尼的刺蝟比英國寒冷氣候地區的刺蝟稍早繁殖，我知道這些小動物值得關注，因為牠們曾是著名自然學家帕特·莫里斯（Pat Morris）研究的對象。我在一本學術動物學期刊上找到了他的研究，並抄下了他的結論：

> 一九八九年在奧爾德尼的一份調查表中提到「黃褐色刺蝟」，在科學上被稱為「白變」（leucistic），指動物體內色素缺失的現象。這些刺蝟以其乳白色刺、黑色眼睛和粉色皮膚而為人所知。參與調查的居民中，有六七%報告曾見過這些金髮刺蝟，更引人注意的是，這六十七隻刺蝟中，沒有一隻攜帶跳蚤，

3 譯按：英國海島，位於英吉利海峽中，為英國的海外屬地之一。

代表這些刺蝟可能是被運輸到該島上，因為牠們必須身無跳蚤才能進入島嶼。討論的焦點在於：白變刺蝟在英國本土非常罕見，而在奧爾德尼沒有掠食性哺乳動物（島上的動物入境政策與人類一樣嚴格），因此不需要改變顏色來提升存活率。那為什麼牠們會有乳白色的刺呢？

報告結論指出，關於刺蝟顏色的遺傳途徑尚不清楚，但是白變可能是由一種罕見的隱性基因控制：

這與觀察到的事實一致：英國本土很少見到白變刺蝟，並且入境奧爾德尼的無一例外都是正常顏色的。然而，如果其中一隻刺蝟攜帶了這種基因，並且在F1（雜交產生的第一子代）與親本之間進行回交，這將導致有二五％的白變後代，正好與當今觀察到的比例相符。白變動物在族群中分布不均且數量較多，可能促使這些動物進行近親交配，有助於白變特徵在族群中持續存在並趨於普遍。

在一個沒有掠食者的封閉族群中，這種情況可能會維持下去，如果有新的個體被引入，或者刺蝟的顏色遺傳更加複雜，白變動物的比例很可能會下降，這篇筆記的目的是記錄當前情況。

小型飛機在跑道上顛簸降落，四周圍繞著黃色的荊豆花和沿海堡壘。這個地方在維多利亞時代，曾是對抗法國的海軍前哨，並在第二次世界大戰期間被德國占領，遊客在這裡既可以觀鳥，也可以參觀軍事掩體。我們的計程車沿著狹窄的鵝卵石街道行駛，寒風凜冽，我們穿過粉彩色的房屋，來到島上唯一的城鎮——聖安妮鎮的中心。

這裡有一條老式的主要街道，沿街有會計師事務所、律師事務所、救世軍和扶輪社等機構，以及老式總督風格的建築。街道上還有慈善商店、羊毛店，和一家名為「金髮刺蝟」的精品酒店。此地的郵筒是藍色的，窄小的人行道上擠滿了身著藍色西裝外套的男士。聒噪的海鸚鵡觀察者聚在一起，交換最近的觀察報告；教堂由溫徹斯特的榮譽牧師所建，四周盛開著報春花，我感覺彷彿置身於一部英國第五臺週日晚上的驚悚片中，儘管實際人口約為兩千人，周圍的景象卻讓人感覺像只有二十個人。

奧爾德尼的政治歷史也是自然歷史的一部分，從羅馬前哨到納粹堡壘，這個地方曾經被占領和加固，在第二次世界大戰期間，島上的居民被撤離，並且引入了強迫勞動力。

有些堡壘現在已經被改建成了《繼承之戰》（*Succession*）風格的私人住宅，但大多數已經荒廢，在這片風吹雨打的岩石地貌中，大自然已經重新占領主導地位。一群燕子來到此處，海鷗、海鸚鵡和鶲鴝在岩石要塞中築巢，野花、昆蟲隨處可見。奧爾德尼的飛蛾物種數量比英國群島的任何地方都要多。

沿海小徑上開滿了花朵，海石竹、補血草和岩薔薇格外鮮豔，乾石牆後面的香雪球如瀑布般垂落著。

奧爾德尼野生動植物信託基金的負責人是羅蘭・戈文（Roland Gauvain），

一位說話溫和、留著紅鬍子且具有維京人特徵的四十多歲男子。他的家族在第二次世界大戰期間曾被驅逐出奧爾德尼，他自己常駕駛帆船，穿梭在島嶼和普爾港之間。羅蘭特別關心海鷗，他認為牠們經常被當作政治替罪羊，他支持刺蝟，認為牠們既有魅力又可愛，但也不會忽視牠們的缺點。羅蘭的高端夜間相機陷阱，捕捉到了刺蝟推擠彼此進入道路。他還有證據顯示，刺蝟會在環頸鴴的地面巢穴周圍徘徊，甚至曾追捕過一隻幼鳥。

在進行更具科學性的生態工作之餘，羅蘭還為遊客舉辦刺蝟和蝙蝠導覽活動。自從新冠疫情封鎖以來，自然旅遊業的工作激增，他認為這是因為人們視角改變所致。奧爾德尼的自然界巨星是海鸚鵡和金髮刺蝟，羅蘭更喜歡用白變來描述這些金髮刺蝟，商店和餐廳也相當了解自然旅遊者的喜好，金髮刺蝟的餐墊、門擋，以及金髮刺蝟飯店……羅蘭試圖引導自然節目的製作人關注海洞奇觀。他希望刺蝟能成為展示自然界更細膩寶藏的櫥窗，例如植物、動物和非凡的真菌。

不過，金髮刺蝟的傳說歷史略顯尷尬。正如帕特在研究中所指出，一九六〇年之前並沒有關於牠們的記載，金髮刺蝟幾乎可以肯定是從歐洲引進來的物種。根據島上的民間傳說，牠們是裝在一個哈洛德百貨的袋子裡抵達。直到一九七六年「瀕危物種法」（Endangered Species）頒布之前，這家百貨公司確實出售過各種動物，像是獅子、獅子寶寶、鱷魚及刺蝟。因此，歐洲刺蝟很可能是被作為寵物帶到奧爾德尼，經過約二十代的近親繁殖後，產生了隱性白色變異基因。

我喜歡這個觀點：哈洛德百貨的刺蝟過於高貴，不會有跳蚤。牠們不受獵的威脅，因為奧爾德尼的居民可以自由控制動物數量。因此奧爾德尼的刺蝟在沒有天敵的干擾下，自由漫步在島上，帶著那奶油色和金色的刺，閃閃發光。

金和我花了一整天遊覽這座島嶼，我們看到燕子在峭壁間嬉戲，雲雀在荊豆花上空高飛，塘鵝則棲息在被牠們鳥糞染成白色的岩石上。

在聖安妮鎮，有一些紀念牌匾標示著當地有名的居民，中央廣場上的一座高大白色房子，曾經是傳奇作家T.H. 懷特（T.H. White）的住所。他的著作《永恆之王》（*The Once and Future King*）其中有一段特別令人難忘的描述，講述了傍晚的森林和戶外露宿的情景：

這名男孩（沃特）在自己鋪設的森林巢穴中睡得很好。起初，他只是略微睡去，就像鮭魚在淺水中滑行，離水面如此之近，以至於他以為自己漂浮在空中。他以為自己醒著，實際上卻已經入睡。他看到頭頂上的星星在寂靜無聲且永無休止的軸心上旋轉，樹葉就像是在星星之間沙沙作響，他聽到了草地上的細微變化。

在沃特（後來成為亞瑟王）遇見了巫師梅林之後，他學會了像魚一樣游泳，並與大雁一起飛翔，沃特感覺到自己被風從水草地上輕輕托起：

在這片廣袤無垠的平原上，有一個元素——風。風既是一種元素。也是一種維度，一種黑暗的力量……風是水平的、除了有一種奇特的轟鳴聲外，它無聲無息，卻可感知，且無邊無界，這驚人的重量橫掃過泥濘……面對這股風，沃特感覺自己好像未曾被創造一般。除了他蹼下溼潤的實體，他的存在彷彿融入了虛無之中——一種實質的虛無，如同混沌一般。

直到大雁到達那片巨大無情的海洋，牠們的升空和飛行都像是一段煉獄般的過程。我想起父親描述他觀賞成千上萬的粉腳雁起飛的情景，以及當我在他的葬禮上讀到這段文字時，這成為了一種死亡的隱喻。

懷特繼續描述男孩與大雁的飛行，穿越了黑暗，變得輝煌起來：「黎明，海面上初升的光輝，以及大雁那有序的飛行，都是如此強烈而美麗，以至於男孩感動得想要歌唱。他想要高歌一曲讚美生命，由於身邊成千上萬隻大雁正在翱翔，他不必等太久。」在懷特的世界裡，雖然大雁可能具備玄妙的象徵意義，但刺蝟卻被視為食物，沃特變成了獾，凶猛的威脅一隻試圖在樹葉堆中睡覺的刺蝟。

「你叫得越兇，我就會咬得更厲害。這讓我內心沸騰不已。」沃特說。

「啊，布洛克大人！」刺蝟哭出聲，緊緊捂住自己，「好心的布洛克大人，對一個可憐的小傢伙寬容些，別專橫無理。我們不是普通的食物，大人，我們不能被咀嚼和吞嚥。請憐憫我吧！善良的先生，我只是一個無害、滿身跳蚤的小傢伙，甚至分不清自己的左右手。」

這位奧爾德尼最著名的作家，對刺蝟形象帶來很大的負面影響。我不禁懷疑，一九六四年去世的懷特是否對自然界的了解不如帕特那麼深入，或許他從未見過或聽說過奧爾德尼的金髮刺蝟。

我無法相信擁有如此驚豔迷人外表的生物，會卑躬屈膝而且如此愚蠢。美麗賦予牠們獨立的特質，我迫不及待想看到這些耀眼的存在，雖然目前正在追蹤金髮刺蝟的數量，但很難給出準確數字，只能估計約有幾百隻。

晚上八點，大約十二名穿著厚毛衣和防風外套的參觀者，聚集在奧爾德尼野生動植物信託基金的辦公室，參加蝙蝠和刺蝟導覽活動。一對夫婦在手機上展示了他們在威爾士家中拯救並照顧的刺蝟照片。我羨慕的看著那些照片，心中不禁再次想起不知蹤影的佩姬。

隨後，我們跟隨羅蘭來到教堂墓地，開始尋找伏翼。我們舉著頻率定位器在頭上擺動，試圖捕捉牠們的叫聲。等待期間，羅蘭提出一些有趣的問題吸引我們的注意力，「除了蝙蝠，還有哪些哺乳動物會飛？」其中一位成員大聲回答：「飛行松鼠！」羅蘭說：「錯！牠們只能短距離滑翔。」

我們等了一會兒。上週的溫暖天氣，讓這片地區變成了春季，但現在氣溫再次下降，蝙蝠和刺蝟都安靜了下來。有一位女士打破沉默，憤怒的發表了一段獨白，批評缺乏貓咪許可證的問題，因為人們可以看到貓咪對野生動物造成的傷害，她有些結巴的說：「我不想冒犯任何人……。」突然，我們的裝置開始發出聲音，一隻嬌小的伏翼在我們頭頂展翅飛翔，隨後出現更多伏翼。我們這些穿著厚外套的人在黑暗中相互微笑。我們再次跟隨羅蘭，離開了教堂墓地，穿過小巷，越過板球場，他繼續講述關於白變刺蝟的事。

羅蘭說，本以為白變刺蝟的顏色會使牠們在進化上處於劣勢，因為缺乏保護色，但至少在道路上可以很容易發現牠們。我們趴在石牆上，觀察路邊地面，注意著腳下情況，最後，羅蘭帶領我們走過一條車道，進入某人的後花園。

這是一位刺蝟志願者的家，羅蘭知道那裡有一個餵食站。他走在前面，用手電筒示意我們，我們在陰影中悄悄穿過草坪……在聚光燈下，一隻像瑪麗蓮．夢露般豐滿迷人的金髮刺蝟，優雅的行走在磚砌的露臺前，再消失於黑暗中。

我只看到她一分鐘，但每一秒都很值得。

冬天確實結束了，我們必須繼續前行。

10

儘管閃爍，火焰卻從未熄滅

「好了，我們該上床睡覺了。」獾站起來，拿起了平底燭臺，「來吧，我帶你們去住處。明天早上可以慢慢來，隨時都可以吃早餐！」獾帶領這兩隻動物來到一個看似臥室又像閣樓的長房間。

獾的冬季儲備糧食無處不在，幾乎占據房間的一半……但剩餘的空間有兩張小白床，看起來柔軟怡人。床單雖粗糙，但乾淨，散發著薰衣草香氣，鼹鼠和河鼠不到半分鐘的時間裡就脫掉衣物，快樂跳進床鋪，感到愉悅和滿足。

第二天早上，這兩隻疲憊的動物很晚起床，卻發現廚房裡有明亮的火在燃燒，有兩隻年輕刺蝟坐在長凳上，用木碗吃著燕麥粥。當鼹鼠和河鼠進來時，牠們放下湯匙，站起身來，恭敬的低下頭致意。

「好了，坐下來，坐下來，」河鼠友善說著：「繼續吃你們的粥吧。你們從哪裡來的？我猜你們是在雪地中迷路了吧？」

「是的，先生。」年紀較大的刺蝟語氣尊敬，「我和小比利在找去學校的路。無論天氣多麼惡劣，母親都堅持讓我們去上學。但我們迷路了，比利嚇壞，開始又哭又鬧，最後我們碰巧來到獾先生的後門，鼓起勇氣敲了門。大家都知道獾先生是個好心的紳士，所以希望他能幫助我們……。」

上述內容表達了對英國野生動物的愛國情懷，且深深打動史蒂芬妮、休·沃里克及所有關心刺蝟的人們。這個故事圍繞著一個溫馨的家庭環境，比如早餐時的培根，和下午坐在火爐旁享用的奶油烤麵包，同時講述英國本土野生動物的等級制度，獾就像受人尊敬的扶輪社領袖，但如果在冬眠的月分，有幾隻年幼刺蝟出現在獾的家門口，實際情況又會如何？

獾會給刺蝟燕麥粥嗎？還是被翻過來，挖出五臟六腑？懷特的說法可能更接近事實：「獾是少數能毫不在意吞噬刺蝟的動物之一，就像牠們能啃食其他任何東西一樣，從黃蜂窩到小兔子。」

奇怪的是，當我獲准野放佩姬時，沒有人問過我住家附近是否有獾。工作人員在意的是我的環境是否適合刺蝟生存，是否具備照顧動物的同情心和責任感以及有無養狗。新冠疫情封鎖期間，使我們再次成為一個養狗的國家。儘管刺蝟的刺會刺傷狗那柔軟好奇的鼻子，但狗仍會吠叫、圍繞、追逐刺蝟，總是讓牠們很困擾，然而，這並不妨礙牠們成為朋友。

珍告訴我，她讀到在威爾士有被訓練出來尋找和保護刺蝟的狗，因此，我駕車前往威爾士綠意盎然的小山城雷克瑟姆，去見亨利——一隻會探測刺蝟的史賓格犬——及他的訓練師路易絲．威爾遜（Louise Wilson）。

留給自然空間，一切就能共存

路易絲和亨利像大自然一樣，充滿活力與能量。四十歲的路易絲，熱情、性感、無畏，一頭金髮夾帶低沉的維根[1]口音。她天生適合戶外活動，我們坐在一個穀倉的樓上，檢視她的嗅探犬培訓機構 K9 的公司簡報。路易絲擁有切

1 譯按：Wigan，英格蘭西北區域大曼徹斯特郡的一個鎮。

斯特大學（University of Chester）的動物行為學文憑，並在處理探測毒品和爆炸物的犬隻方面找到了市場機會，她的工作經歷涵蓋了戰區和英國稅務海關總署；雖然路易絲的世界充滿了各種氣味，但這些日子裡，她接觸到更多的可能是水獺的糞便，而不是海洛因。

亨利也有一個不尋常的經歷。路易絲在救援中心找到牠之前，牠曾被五個家庭遺棄。然而，成為一隻嗅探犬需要具備特定條件，狗和小孩一樣，都會被鼓勵要聽話和有禮貌，但路易絲和她隨和的伴侶凱文表示，他們允許牠們只當一隻狗，路易絲希望看到的是有活力、智慧和充滿好奇心的嗅探犬，她說：「我們尋找的是有意不服從的狗。」

最有趣的是，即使在最具犬類特徵的形態下，牠們仍不具掠食性。某些品種在這項工作上表現得比其他品種更為出色，例如史賓格犬、可卡犬和拉布拉多，因為這些犬種擁有卓越的嗅覺和出色的工作能力。然而，巧克力色拉布拉多由於經過基因改造，表現不如其他拉布拉多犬那麼像狗。此外，疫情期間受到青睞的品種也有類似的情況，「可卡布犬？」凱文嘆了口氣，雙臂打叉。

路易絲向我展示一張可卡獵犬的照片，照片中的狗正跨過他們廚房的櫥櫃，她笑容滿面的看著。她告訴我，當她六歲的兒子抱怨他們十二隻狗中的一隻毀了他的玩具時，她反問兒子，他把玩具亂丟，難道還期望狗不去碰它嗎？

當我見到亨利時，他非常活潑，幾乎到了狂熱的地步，路易絲幾乎無法控制住，她說這正是亨利的一個優點。當她放開牽繩時，亨利跳過了訓練中心的長凳、乾草堆和各種障礙物，這些活躍的行為並不是毫無目的，他始終跟隨著自己的嗅覺前進。桌子上擺放兩個盒子，裡面裝著刺蝟的外套，亨利約花十秒鐘就停在它們旁邊，她和凱文不會費心向亨利下指令，因為他不需要。

然而，當亨利找到一個刺蝟窩時，他會變得溫和，僅僅用鼻子指示，以便幫助生態學家。路易絲從武器、毒品或她所稱的「祕密行動」（偷渡者）轉向自然野生動物，同時經營她的檢測機構，開啟了一個充滿各種氣味和線索的新世界。當她在與警局或軍隊合作時受到平等待，但生態學家對她抱持懷疑，因為她缺乏學術資格。不過，就像碧雅翠絲一樣，她證明了自己的價值。如今她樂於帶著她的史賓格犬乘坐槳板，沿著泥濘的河流尋找河流生物，而凱文則專精於老鼠和蝙蝠，在大衛．艾登堡爵士號研究船出發前往南極之前，他曾是該船的「哈梅恩的吹笛手[2]」。如今，凱文正專注於研究風力渦輪的擴展，如何影響國內蝙蝠群體。路易絲和凱文的野生動物清單不斷增加，包括大冠蠑螈、松貂，還有獵豹、大象、狼和熊，她渴望的說：「坦白說，我真的很想與黑猩猩一起工作。」

路易絲也對睡鼠和田鼠的家園有了興趣，這些家園布置得整潔有序，擁有斜坡和編織的睡眠區，她的田鼠嗅探犬海蒂，透過嗅探他們自己建造的餵食站來尋找田鼠。

亨利非常適合搜尋刺蝟，因為他需要一些空間自由跑動，而刺蝟恰好都在廣闊的地區活動，讓亨利在小房間或貨櫃中尋找炸彈反而不切實際。亨利接受過專門訓練，也期望得到獎勵，尤其是他最喜歡的球。然而，用於檢測炸彈和爆炸物的狗不能如此，牠們需要具備更強的自制力。

亨利毫不在意刺蝟的氣味及聚集在刺蝟周圍的跳蚤，路易絲非常自豪亨利能發現瀕危物種的糞便，「完美的糞便，新鮮的，新鮮的。」

亨利的嗅覺比人類敏銳十萬倍，這是一個微妙而複雜的環境。毒品和爆炸物的特點，在於它們的氣味與周圍環境格格不入，相反，刺蝟則是豐富而奇妙生態系統中的一部分，在這個生態系統中，存在許多氣味，這些都是自然的一部分。

我還詢問了有關獾的情況，路易絲堅定的回答：「獾只有在被驅逐出牠們的棲息地時，才會對刺蝟構成威脅。」

如果人類能留給自然空間，一切就能共存。無論是否多虧亨利，威爾士一帶的刺蝟數量正在提升，刺蝟的數量調查主要依賴路殺數據，而路易絲和凱文

2 譯按：源自德國民間故事，故事中他用音樂把村子裡所有的老鼠引走，成功除去鼠患。比喻凱文在該研究船上擔任了引領性的重要角色。

在山區路段，經常看到被車輪壓扁的刺蝟。

從土而來，歸於土

柴克和路易絲對刺蝟和獾之間的關係持相同觀點。當我們爭奪相同資源時，關係就會破裂。柴克反思了這種平衡：「我們知道，如果一個地區的獾數量很多，刺蝟的數量就會較少，在其他條件相同的情況下，比如地面植被覆蓋和食物供應能維持所有動物，生態將會維持一個平衡。」我們並沒有在英國鄉村引入獾，我也不清楚獾的具體數量，但刺蝟的數量已經大幅減少，這種減少與獾的增長不成比例。在一個由獾主導的荒涼環境中，你不會看到刺蝟，但解決方法並不是消滅獾。

「乾旱期並不是新現象，也許乾旱情況變得更加劇烈或頻繁，但自然界一直在應對這些問題。如果你保護好土壤、植被和樹木，則可以比單一草地更能保持水分。這些刺蝟正在面臨的問題，也會在一個健康的生態系統中得到更好的解決方式。」柴克說道。

要如何實現這一點？柴克再次提到了那位在巴恩斯的居民，他在保育刺蝟方面有顯著的成就，所以我決定去找他。

我坐在岩石巷咖啡館的窗邊座位，看著外面的板球比賽，選手們穿著溼漉漉的白色運動服。我在尋找一位獨特的人物，突然，在濛濛細雨中，一個穿著亞麻布衣的時髦人物走進咖啡館，他的夾克上有一個小巧的刺蝟徽章。

為何一位寶石學家會對刺蝟如此著迷？年逾六十的米歇爾（Michel），向我闡述了他的生活。他在比屬剛果[3]度過了童年，他的父母在那裡擁有一座咖啡種植園。一九六〇年比屬剛果獨立後，米歇爾在蒙特婁接受修女的教育。隨後，他接受了寶石學的培訓，因為這可能讓他獲得人生的獎賞——金錢和女

3 譯按：比利時於一九〇八年至一九六〇年，在今日剛果民主共和國的殖民地。

人。鑽石作為一種誘惑手段，總是充滿價值和吸引力。

米歇爾在一九八〇年代來到英國，並與他的英國妻子定居於此。大約十年前，他第二次墜入愛河，當時他的狗在位於巴恩斯的花園裡發現了一隻刺蝟。米歇爾對此既著迷又憤慨，認為刺蝟應該受到更多的保護和讚揚。

米歇爾問：「為什麼刺蝟沒有被印在郵票上？牠應該成為我們的國家象徵。」他開始思考自己能做些什麼，他意識到在圍欄和牆上開洞可以拯救刺蝟。於是，他挨家挨戶拜訪，憑藉商人的天性和自己的藝術眼光，他張貼海報並製作刺蝟徽章，激勵巴恩斯村莊的居民一起行動。

米歇爾自豪的說：「有些村民甚至收藏了那些海報。」他提出的免費鑽洞服務，說服了他的鄰居，以及他的電工朋友一同幫忙。他們共同開鑽了一千個刺蝟洞。

巴恩斯的這場偉大解放拯救了刺蝟，但米歇爾說這是一條雙向（刺蝟）街道，「這也拯救了我的心靈。」他說。

米歐爾的日常工作是銷售價值數百萬英鎊的珠寶，包括賣給俄羅斯的衛星國[4]，這讓他感覺自己在出賣靈魂。他表示，正是刺蝟改變了他對人性的看法，並救贖了他的靈魂。

在現實層面上，米歐爾為了拯救刺蝟而開始鑽洞；在哲學中，他試圖在刺蝟和人類之間建立一種聯盟，這也確實實現了。在巴恩斯的一位御用大律師[5]，有時會在晚上十一點打電話給他，因為他的刺蝟沒有出現在餵食站上，所以很沮喪，刺蝟是否有露面已經成為他評判生活的標準。

米歐爾在他的旅程中觀察到，當人們不需要做出個人犧牲或面臨不便時，他們更容易面對自己的情感。他提到，為什麼每個人都喜歡刺蝟溫迪琪，但同時又會用塑膠草代替他們的花園？米歐爾認為，具體的、當下的事物和普遍利

4 譯按：指曾經受到蘇聯政治、經濟或軍事影響的國家。
5 譯按：指被英國皇家授予在法律領域有卓越表現的律師，他們在法律實務中有深厚的專業知識和經驗。

益一樣重要。

米歇爾告訴我一個關於他父親的悲傷故事。米歇爾的父親是奧斯威辛集中營的倖存者，手臂上刻著他的編號。當他九十歲時，搬進了一家養老院，但沒有一個人問起他的編號。米歇爾說：「人人都知道奧斯威辛，人們前往並參觀，但他們不在乎養老院裡的那個人。他只是一個即將離世的老人。」

米歇爾談論了人類與自然之間的複雜關係，這就像一幅生態拼圖，若是移除刺蝟這個關鍵的一小塊，將是一場災難，「人們必須承擔責任。我必須找到一種方法聯繫刺蝟與人類，這也是我所追求的一切。」

我們必須找到方法讓人類覺得自己是自然界的一部分，而不是侵入者。我想起《公禱書》（*The Book of Common Prayer*）中的喪禮禮文，「因此，我們將這具遺體交託給大地，從土而來，歸於土；從灰而來，歸於灰；確信無疑的盼望復活，得享永生。」

兩天後，我回到了家裡，來到我孫子比利和父母亨利與安娜居住的諾福克。

我們將我爸的骨灰撒在他喜愛的地方——一棵曾有石鵖鳥築巢的樹下。他們家位於國防部土地的邊緣，意味著這片土地未被開發，自然環境得以完整保留。在那裡的白堊溪流中，有鱒魚和水獺，樹木在風中沙沙作響，鳥兒們在樹上喋喋不休，彷彿是操場上的課後時光一般。

在一棵鵝掌楸下，橙色的新鮮葉子閃耀著，周圍環繞著藍鈴花和野草，我兒子和比利挖了一個洞，我們將父親的骨灰撒了進去，還放入了幾枝迷迭香，骨灰的質地像粗糙的灰色沙子。我哥點燃了一根蠟燭，儘管在細小的雨水和突如其來的微風下，有好幾次火焰閃爍，卻從未熄滅。我不禁想到，也許我父親在生命走向死亡過渡時所見的，正是這種火焰。

撒完骨灰之後，我們聽到頭頂上熟悉的野雁悲傷鳴叫，一排三隻，飛過我們上空，宛如一場空中飛行表演。我們確實把這具身體交還給了大地，我父親相信，自然是神聖的具體化身，而他現在已成為造物的一部分，從土而來，歸於土。

11

最深的滿足感

我在英國廣播公司的前同事弗蘭克．加德納（Frank Gardner），在《今日》節目中談論到愛沙尼亞的軍事演習，其目的在於保護自身和其他小鄰國，免受俄羅斯侵略。這次演習被稱為「刺蝟行動」，弗蘭克說，用這個名字來展示軍事能力似乎有些溫馨，但這正是它吸引人的地方。

我現在明白為什麼自己如此喜愛刺蝟。刺蝟確實能象徵北約，牠們聰明、自力更生、不起爭執，僅在面臨挑戰時會採取防禦。雖然刺蝟數量不多，但牠們不會輕易放棄，是天生的生存者。

喜愛刺蝟的國家通常也共享類似價值觀，在「外交國防安全政策綜合檢討報告」（Integrated Review）中，前英國首相鮑里斯．強森明確表達了英國的立場：「我們將向世界敞開大門，自由選擇我們的道路，擁有一個全球的朋友和合作夥伴網絡。」這句話聽起來簡直像是為了刺蝟而設計的世界。

與此同時，在烏克蘭基輔市郊的通勤小鎮伊爾平，有一支自願巡邏隊，當莫斯科進攻時，伊爾平的居民們會團結起來，利用他們能找到的任何武器抵抗侵略。這些巡邏隊成員的綽號有「浩克」、「杜賓犬」、「鬍子」，而這支臨時部隊則稱為「刺蝟」，因為他們的策略是讓俄羅斯無法接觸、靠近。

刺蝟們現在正與當地國土防衛部隊一起訓練，準備前往東部。浩克表示：「我們在保衛我們的土地。重點是，我們並沒有去侵略別人。他們來到這裡，殺害我們的婦女和孩子。所以，我們挺身而戰，直至最後一人。」

我們不禁暗自心想，這些勇敢的刺蝟部隊能否取得勝利？

在美國古生物學家史蒂芬．古爾德（Stephen Gould）的著作《刺蝟、狐狸與魔法師的毒》（*The Hedgehog, the Fox and The Magister's Pox*）中，他提倡的是和解而非二分法。他認為狐狸和刺蝟各有特點，但如果必須選擇一種，刺蝟更具優勢，因為牠在危難時刻仍擁有道德準則。狐狸雖然狡猾，但在狩獵中經常被捕，刺蝟則有可能毫髮無損。古爾德指出：「如果我們順應變局，保持正直和高度警覺，我們就不會失敗。」

以俄羅斯和烏克蘭的情況，與刺蝟相對比的不是狐狸，而是熊。我祈禱刺蝟蜷縮成球的防禦姿勢，足以應對熊的攻擊。刺蝟防守卻從不主動侵略，正如浩克所說：「我們並沒有去侵略別人。」

我在YouTube上找到了一部一九七五年的蘇聯動畫電影，名為《霧中刺蝟》（*Hedgehog in the Fog*），這部電影講述了一個帶有地緣政治色彩的童話故事。每晚，刺蝟都會去拜訪他的朋友小熊，他們會一起喝茶、數星星。這天晚上，刺蝟帶了一些覆盆子果醬作為禮物，想給小熊驚喜。在穿過樹林的路上，刺蝟發現一匹美麗的白馬，但馬隨後消失在濃霧中。

出於好奇，小刺蝟開始在濃霧中探索，結果迷路。在經歷了一些夢幻般的情境後，小刺蝟遇到正在尋找他的小熊。兩人坐在火堆邊喝茶、仰望星空。

沒有人期望這場戰爭如同故事那樣結束。我回想起我去參觀碧雅翠絲展覽的那一天，巧的是，那一天正是普丁攻打烏克蘭的日子，也是在我父親去世的幾天後。那一天，整個世界彷彿被黑暗籠罩。

哲學家們比喻，刺蝟就像是特洛伊木馬，隱藏了英國的國寶。休・沃里克是我透過珍認識的，他是一位作家、脫口秀主持人和社群媒體名人，他一生致力於保護刺蝟。他踐行威廉斯所宣揚的刺蝟價值觀，他看起來有點像哈比人，友善、結實而魁梧，留著柔軟的棕灰色鬍鬚。

休的家位於牛津郊區，他的房屋與花園有類似於巢穴的特徵，書籍堆積如山，各種花盆隨處可見，儘管他努力保護刺蝟，但這個花園卻沒有刺蝟來訪，因為該地區的城市規畫並不適合牠們棲息。

作為一名生態學家，休對社會良好運作，有深刻的看法，然而，他並不以說教的態度表達這些觀點，他發現與人談論刺蝟，比直接講道理更有效。他曾參與抗議活動，過程中，保安人員只因為聽到一些有趣的刺蝟知識，便在情感上卸下武裝。

聚會上陌生人很樂意與休聊刺蝟，畢竟牠總被評選為國民最喜愛的動物。休說：「刺蝟真的是太像英國人了，比起跟鄰居串門子，我們更喜歡獨來獨往。而且，我們其實很樂意沉睡整個冬天。試想一下，如果我們能暫停活動，會對環境帶來什麼好處？」

休還會做一個刺蝟主題的喜劇小品，他的演講場地包括婦女協會、普羅布斯俱樂部[1]，他不需要提及政治議題，只是專注於描述刺蝟的生活：刺蝟與人類和平共處的方式、悠久的歷史，以及刺蝟如何連接鄉村與城市郊區、花園與田野。休只強調人與自然之間的聯繫。

人們對刺蝟的喜愛，往往與他們兒時的經歷和回憶有關。休認為，刺蝟是兒童讀物中最常出現的野生動物，年長者也記得在他們年輕時常常看到刺蝟。他說：「刺蝟很可愛，有點傻傻的，也很特別——牠們是英國唯一的脊椎哺乳動物。你可以用這些小小的動物，講述更大的故事。」更大的故事是指對刺蝟友善的環境，象徵與自然和諧相處。

休承認，在刺蝟本來應該繁衍生息的地方，如英格蘭西南部，獾的數量卻

1譯按：Probus Clubs，一個國際性的社交和休閒俱樂部，專門為退休或半退休的專業人士和商人設立。

有所增加，如果獾找不到食物來源，牠們就會闖進刺蝟的領地，而刺蝟縮捲成一團，根本無法抵禦獾的攻擊。

但是，休提到刺蝟，是出於理性現實主義，他和古爾德一樣，厭倦了對立的極端觀點、二元分法及特殊利益，因此，這位偉大的刺蝟擁護者已經準備好承認，有時為了更大的利益，可能需要犧牲一些刺蝟。

例如奧克尼群島[2]，你可以喜愛刺蝟，但當牠們攻擊北極燕鷗的蛋和幼鳥時，你的立場可能會改變，恰巧，休在一九八六年的學位專題研究，就是計算奧克尼群島上的刺蝟數量，及其對鳥類的影響，這是他畢生致力於創造一個適合刺蝟生存的世界的開端，其中包括認識到達爾文的衝突和共存原則。

在二〇〇四年，赫布里底群島[3]開始捕殺刺蝟，引起媒體關注。休發現，他的研究被用來支持補殺行動，儘管這並不是他所主張的立場——至少在英國，他更支持強制遷移而非捕殺。休懊悔的說：「這不是科學問題，而是溝通問題。」

生命與死亡，必須共存

我仍在努力尋找那種平衡，我沒想到，無法與父親分享這些自然主義的爭論，會帶給我如此難以承受的失落感，他一定很喜歡討論這類話題，而如今都成了獨白。

我同時也發現，自己在消費者市場中越來越不具價值：我再也不需要父親節禮品。禮品公司甚至傳訊息詢問我是否不再需要接收促銷訊息，我在網路上的搜尋紀錄中包含「棺材」這個關鍵字，肯定讓數據蒐集者警惕起來。

我的母親仍然無法忍受回到她與我父親共同生活的家裡。那裡的一切都還

2 編按：Orkney，位於蘇格蘭東北部。
3 譯按：Hebrides，位於蘇格蘭西海岸。

維持著他離開醫院、一起抵達護理院那一天的擺設。父親的椅子旁放著一堆書，有詩集和他喜歡的其他類型的書，例如克里斯托弗·索默維爾（Christopher Somerville）的《天堂之船》（*Ships of Heaven*），理查德·巴塞特（Richard Bassett）的《舊歐洲的最後日子》（*Last Days in Old Europe*），以及艾倫·埃克萊斯頓（Alan Ecclestone）的《收集碎片》（*Gather the Fragments*），書中則夾著來自老朋友的明信片作為書籤。有幾本政治和歷史方面的精裝書是我送給父親的，我懷疑他可能沒有看完，另外還有一些現在新出版的書，其中包括軍事歷史學家安東尼·畢沃爾（Antony Beevor）關於俄羅斯的書籍，而他將永遠無法開始閱讀。

父親在書房裡擺放著超市的購物清單，金和我之前每週依此幫他採購。他節儉到令我們很無奈，例如「一根胡蘿蔔，一粒葡萄柚」，以及他那一代人對甜點期望，「覆盆子海綿蛋糕，奶油太妃糖」。父親的字像音符一樣，帶有八分音符般的波浪狀符號和雙橫線。他寫下一切，特別是在接近生命終點時。父親的收音機上貼著一張便條紙，上面寫著 R3 91:95 R4, 94.0，他透過這些清單和毅力來應對他的衰退。

我們會在夏天帶父母去康瓦爾，現在再也沒有人提起這件事，金和我反而決定去赫布里底群島，因為帶上望遠鏡去觀鳥，是我能想到的最好的致敬方式。

我看不見他，並不代表他不在那裡。

赫布里底群島的馬爾海峽，[4]是深灰色的，波浪起伏不定，那裡是潛水艇的領域。黑暗、深邃且充滿致命危險。我們乘船出海觀賞鼠海豚，但北大西洋的波浪太大，我們只好折返。此時，船長的目光被一個形狀所吸引，樹木掩蔽住了一部分，直到牠展開巨大翅膀，並滑翔到海鷗的高度時，牠才露出真面目——一隻白尾海鵰。這隻壯麗的鳥如同一架無人機，捕捉牠所見的一切，森林的地面和懸崖邊緣布滿小型哺乳動物的骨骸，包括刺蝟的。

---

4 譯按：The Sound of Mull，赫布里底群島和蘇格蘭之間的海峽。

戰爭與和平、生命與死亡必須共存。一艘外觀破舊的小船停泊在馬爾島克雷格努爾，名叫「致命武器」，早在俄羅斯讓我們熟悉五四式手槍、衝鋒槍、突擊步槍、榴彈發射器、火焰噴射器、自走迫擊炮和坦克之前，這艘船早已是這個名字。

在這座充滿蕨類植物、瀑布、鷹和水獺的島嶼上，大自然統治著一切。我們出發前往愛奧那島，當厚重雨雲散開時，修道院的身影逐漸顯露。公元六世紀，第一批修士由聖高隆（Columba）帶領，從愛爾蘭來到這裡，他們帶來了高大的凱爾特十字架。聖高隆一生定居在這個島上，直到去世，他堅持不懈的修行：「……他骨骸安息的地方，仍然受到天堂之光和天使的眷顧。」

在愛奧那修道院的西廊門口，有一窩燕巢，燕子父母來回飛翔，毫不在意旁觀的人類，牆上裂縫成了牠們的家，小雛鳥們快樂的叫著，嗷嗷待哺。

愛奧那修道院是一個平靜的地方，無論你是否有信仰，這裡都是精神上的避難所。而我正探訪約翰・史密斯（John Smith）的墓地。他曾擔任蘇格蘭工黨領袖，一九九四年因心臟病發作逝世，享年五十六歲。在修道院附近草地上的一塊大石上，上面用細金色修道院字體書寫：「一個誠實的人，是上帝最崇高的傑作。」約翰·史密斯的最終成就在於誠實，他像一隻刺蝟，而不是狡猾的狐狸。

這一刻，如此美好

從愛奧那島出發，我們乘坐渡輪前往尤伊斯特島，我的使命是追隨休的腳步，探究刺蝟是否該永遠占上風，還是也必須屈服於更大的造物設計之下。把刺蝟重新引入大陸的過程尚未完全成功，仍在持續進行。在這裡，正上演著達爾文式的生存競爭。

引入新物種而沒有相應的掠食者，會使生態系統混亂。即使是可愛的海鷗，也會受到農戶戒備，因為他們擔心海鷗會吞食小羊，而保護鳶，意味著海鷗需要更多食物。

如果你是一隻田鼠或草地鷚，你能存活下來的機率非常渺茫，也沒有人會急於拯救鱔魚免遭水獺的捕食；然而，蘇格蘭西岸的水獺受益於加文·麥斯韋爾（Gavin Maxwell）[5]的《猶在波光中》（*Ring of Bright Water*），正如獾可以感謝《柳林風聲》，而刺蝟則可以感謝《刺蝟溫迪琪的故事》。

但即使是溫迪琪，也無法贏得尤伊斯特島和巴拉島自然學家的青睞，在這些地方，刺蝟對海鷗的幼鳥已經造成影響。究竟是刺蝟先來，還是蛋先來？我們的尤伊斯特島導遊聲稱，一位園丁被蛞蝓困擾許久，從而引入刺蝟，其餘的，就交給達爾文解釋了。

在奧爾德尼，刺蝟騷擾地面築巢的鴴鳥，偷取牠們的蛋，有時甚至是幼鳥，這使得環保人士對刺蝟很不滿，而在尤伊斯特島，刺蝟則威脅到了涉禽類。

當我觀看一群北極燕鷗優雅的飛過北尤伊斯特沙灘上空時，我體悟到為什麼我們希望保護牠們，這些鳥的遷徙路徑是鳥類中最長，牠們從南極沿岸飛行至此繁殖，我們僅能做的，就是保護牠們的蛋。

生態系統或大自然的複雜性雖難以理解，觀察起來卻令人敬畏。我開始學習自然觀察的基本原則——耐心和機緣巧合。一隻水獺消失在覆滿海藻的岩石後，但半小時後又回來，仰躺在我們面前，梳理牠那被水浸透的毛髮。

我恰巧回頭，和一隻短耳鴞對到眼，我們在山頂上搜索鷹的蹤影，但什麼都沒看到。雖然看不見，但牠們就在那裡。

我想像父親的樣子，他一定會拿著一副雙筒望遠鏡。他曾經吸收了自然的精髓，現在他也成為自然的一部分，正如我們所有人，肉體終將化為塵土。我不再哀悼，而是專注於觀察自然，我想起《祈禱書》中的一句話：「為所有與我們同歡喜，但已在彼岸、享受更大光明的人們祈禱……。」

我們在酷熱的氣溫中回到了諾福克——快速的氣候變遷對刺蝟來說是一個

---

5 譯按：英國作家，以其非虛構作品及水獺相關著作聞名。

壞消息。然而，我心中有一片最深的滿足感。在池塘邊，有一個黑黑圓圓的東西，那是一隻刺蝟。

這一刻，世界的一切是如此美好。

致謝

感謝才華橫溢的奧里亞・卡本特（Aurea Carpenter）和雷貝卡・尼科爾森（Rebecca Nicolson），感謝他們帶我參與令人興奮的新出版計畫；也謝謝我在本書中採訪的所有刺蝟戰士們。我也欽佩我那害羞且善於觀察的母親蘇珊・哈維，感謝她在失去終身伴侶的保護後，學會勇敢的生活。

心靈方舟 0057

刺蝟日記

一段關於信念、希望和堅毅的故事。面對失去，如何在傷痛中重新拼湊自我？

The Hedgehog Diaries: A Story of Faith, Hope and Bristle

作　　者　莎拉・桑茲（Sarah Sands）
譯　　者　游絨絨
特約編輯　林盈廷
封面設計　木木 Lin
內頁設計　陳相蓉
主　　編　張祐唐
特約行銷　林舜婷
行銷經理　許文薰
總 編 輯　林淑雯

出 版 者　方舟文化／遠足文化事業股份有限公司
發　　行　遠足文化事業股份有限公司（讀書共和國出版集團）
231 新北市新店區民權路 108-2 號 9 樓
電話：（02）2218-1417
傳真：（02）8667-1851
劃撥帳號：19504465
戶名：遠足文化事業股份有限公司
客服專線 0800-221-029
E-MAIL service@bookrep.com.tw
網　　站　www.bookrep.com.tw
印　　製　中原造像股份有限公司
法律顧問　華洋法律事務所 蘇文生律師
定　　價　380 元
初版一刷　2024 年 10 月

國家圖書館出版品預行編目（CIP）資料

刺蝟日記：一段關於信念、希望和堅毅的故事。面對失去，如何在傷痛中重新拼湊自我？／莎拉・桑茲（Sarah Sands）著；游絨絨譯. -- 初版. -- 新北市：方舟文化，遠足文化事業股份有限公司，2024.10
224 面；14.8 × 21 公分

譯自：The hedgehog diaries: A Story of Faith, Hope and Bristle

ISBN 978-626-7442-79-1（平裝）

1.CST：刺蝟　2.CST：寵物飼養
3.CST：自我實現

437.39　　113011738

方舟文化官方網站　方舟文化讀者回函